Vieweg Programmbibliothek
Mikrocomputer 14

Lineares Optimieren
Maximierung – Minimierung
11 HP-41-Programme

Vieweg Programmbibliothek Mikrocomputer

Herausgegeben von Harald Schumny

Band 1
Graphik-Programme für TRS-80 und HP 9830

Band 2
Iterationen, Näherungsverfahren, Sortiermethoden
BASIC-Programme für
CMB 3032, HP 9830, TRS-80, Olivetti 6060

Band 3
BASIC und Pascal im Vergleich

Band 4
BASIC-Anwenderprogramme

Band 5
BASIC-Programme für den PC-1211/1212

Band 6
Programme für den Einplatinencomputer TM 990/189

Band 7
PC-1500-Sammlung I

Band 8
Programme für den PC-1251

Band 9
PC-1500-Sammlung II

Band 10
PC-1500-Sammlung III

Band 11
Anwenderprogramme zum ZX-81 und ZX-Spectrum

Band 12
17 Spiele für den PC-1500 A

Band 13
Ausgewählte BASIC-Computerspiele (Atari 800)

Band 14
Lineares Optimieren
11 HP-41-Programme

Band 15
Dienstprogramme (Tool Kit) für den HP-41

Vieweg Programmbibliothek
Mikrocomputer Band 14

Harald Schumny / Helmut Alt (Hrsg.)

Lineares Optimieren

Maximierung – Minimierung

11 HP-41-Programme von Herbert Mai

Springer Fachmedien Wiesbaden GmbH

Der Autor des Bandes

Herbert Mai
Lange Hecke 48
4600 Dortmund 30

1984

Ursprünglich erschienen bei Friedr. Vieweg & Sohn Verlagsgesellschaft mbH,
Braunschweig 1984

ISBN 978-3-528-04312-4 ISBN 978-3-663-14049-8 (eBook)
DOI 10.1007/978-3-663-14049-8

Vorwort

Dieser Band der Vieweg Programmbibliothek beschäftigt sich mit der Anwendung unterschiedlicher Varianten des Simplexverfahrens bei der Lösung linearer Ungleichungs- und/oder Gleichungssysteme, wie sie bei der mathematischen Behandlung von Planungsvorbereitungen und Entscheidungsfindungen eingesetzt werden. Durch die Einbeziehung von Taschencomputern sollen auch umfangreichere Aufgaben zuverlässig rechenbar gemacht werden.

Der Band wendet sich in erster Linie an Schüler und Studenten, für deren Bedürfnisse die Kapazität leistungsstarker, programmierbarer Taschenrechner ausreicht. Die hier vorgestellten Programme sind für den Hewlett-Packard HP-41 in der Ausstattung mit Quad-Modul und Magnetkartenleser entwickelt worden.

Um dem Leser das Nachvollziehen der Programme zu erleichtern, sind diese so gehalten, daß die Veränderungen von einem Programm zum anderen möglichst gering sind. Es soll damit auch ein Weg aufgezeigt werden, wie man von zunächst recht einfachen Programmen zu aufwendigeren Lösungsverfahren gelangt. Für Leser, die Besitzer anderer Taschenrechner oder Kleincomputer sind, werden die Beschreibungen der Rechenverfahren so gewählt, daß auch sie leicht eigene Programme zu den hier vorgestellten Verfahren schreiben können.

Zudem soll dieser Band eine Anregung darstellen, die Programme für die eigenen Bedürfnisse zu variieren und auch andere Verfahren der linearen Optimierung zu programmieren.

Der Verfasser bietet mit der programmierten Lösung zu einfachen Anwendungen der linearen Programmierung einen interessanten Einstieg in dieses zunehmend wichtiger werdende Fachgebiet. Es wird besonderer Wert auf das Verständnis des mathematischen Hintergrundes gelegt.

Die Herausgeber

Inhaltsverzeichnis

1 Einleitung

Es ist für die heutigen Wissenschaften kennzeichnend, daß immer häufiger mathematische Methoden in die einzelnen Forschungsgebiete eindringen. Die praktischen Probleme vieler Wissenschaftszweige haben dazu geführt, daß die mathematische Forschung zur Entwicklung von Verfahren zur Lösung dieser Probleme angeregt worden ist. Diese Mathematisierung wird durch die Einführung elektronischer Rechenmaschinen gefördert, die es dem Anwender erlauben, nicht nur die bei der Lösung komplexer Probleme anfallende meist öde Rechnerei diesen Automaten zu überlassen, häufig ist die dabei notwendige enorme Rechenarbeit gar nicht anders als mit Datenverarbeitungsanlagen zu bewältigen.

Eines dieser modernen Verfahren ist die lineare Optimierung, die, als ein Sonderverfahren bei linearisierten Aufgaben, in den Bereichen Planung, Forschung und Entwicklung Entscheidungsgrundlagen für effiziente Lösungen liefert. So führt zum Beispiel die Verwendung knapper und teurer Ressourcen dazu, möglichst sparsam mit ihnen umzugehen.

Mit den Taschencomputern ist uns in den letzten Jahren ein Instrument in die Hand gegeben worden, relativ aufwendige mathematische Probleme durch den mitgeführten Rechner lösen zu lassen. Die lineare Optimierung wird jedoch noch selten mit Taschenrechnern in Verbindung gebracht. Dabei ist sie eine Methode, deren Vervollkommnung parallel zur Entwicklung und Verbesserung von Computern entstanden ist. In der Fachliteratur werden zudem die Lösungsverfahren stark unter dem Gesichtspunkt der Verwendbarkeit in EDV-Anlagen behandelt. Denn bei der linearen Optimierung gibt es einige Probleme zu überwinden: Zum einen wächst der Speicherbedarf für die Matrizen schnell ins Riesenhafte, zum anderen soll die Rechenzeit nicht zu lang sein, und außerdem darf die Rechengenauigkeit nicht leiden.

Bei Lösungsverfahren, die für Taschenrechner günstig sein sollen, müssen daher einige Kompromisse geschlossen werden. Wegen der immer noch relativ geringen Speicherkapazität sollten die zu bearbeitenden Matrizen möglichst klein gehalten werden. Da aber die Programme zur Lösung dieser Aufgaben mit in den Arbeitsspeicher eingegeben werden müssen - sofern sie nicht in Software-Modulen untergebracht sind -, dürfen sie gleichfalls nicht zu lang sein. Die Programme für besonders kleine Matrizen sind aber meist recht kompliziert und werden somit auch sehr lang. Deshalb sollten Algorithmen gewählt werden, die die Berechnung umfangreicherer Aufgaben im Taschenrechner zulassen. Weil aber die Aufgaben, die mit einem Taschencomputer berechnet werden können, immer noch vergleichsweise klein sind, darf der Gesichtspunkt der Rechengeschwindigkeit für die Programmentwicklung vernachlässigt werden. Die Rechengenauigkeit ist bei diesen Kleinrechnern ohnehin meist gut.

2 Anwendung der linearen Optimierung

Bei der Vorbereitung optimaler Entscheidungen ist die lineare Optimierung - sie wird auch lineare Programmierung genannt - ein häufig eingesetztes Verfahren. Man kann bestimmte technische oder wirtschaftliche Sachverhalte in ein vereinfachtes mathematisches Modell einordnen. Für dieses außerordentlich praxisnahe Gebiet wurden mit der linearen Optimierung Verfahren entwickelt, die dazu dienen, bestimmte lineare Optimierungsaufgaben zu lösen.

Mit der Formulierung eines linearisierten mathematischen Modells, das die Wirklichkeit in vereinfachter Form widerspiegelt, kann bei mehreren möglichen Lösungen die effizienteste Entscheidung herausgefunden werden. Bei technischen und ökonomischen Problemen kann mit diesen Modellen kostengünstig experimentiert werden.

Wir unterscheiden zwei Grundtypen von Aufgaben: die Maximum-Optimierung und die Minimum-Optimierung. Zu den Größen, die auf ein Maximum hin untersucht werden sollen, gehören zum Beispiel der Gewinn, der Umsatz, die zu produzierende Menge, die zu beliefernden Kunden oder die Rentabilität. Zu den Größen, die es zu minimieren gilt, gehören zum Beispiel die Kosten, der Verschnitt, die Stillstandszeiten oder die Transportwege. Zunächst wollen wir uns nur mit Maximierungsaufgaben beschäftigen.

2.1 Ein Maximierungsproblem

Ein Betrieb möchte die Produkte P_1 und P_2 zusätzlich herstellen. Bei der Fertigung werden die unterschiedlichen Anlagen A, B und C benötigt. Auf der Anlage A kann nur Produkt P_1 bearbeitet werden, während Anlage B nur für Produkt P_2 zur Verfügung steht. Anlage C ist für beide Produkte nutzbar. Die Maschinen stehen pro Monat eine begrenzte Zeit zur Verfügung. Dazu werden die Fertigungszeiten pro Stück in Stunden angegeben. Die einzelnen Produkte erzielen jeweils einen unterschiedlichen Gewinn, der in Geldeinheiten (GE) angegeben ist. Tabellarisch zusammengefaßt ergibt sich folgendes Bild:

Fertigungsanlage	Fertigungszeiten der Anlage (Std/Stck)		Kapazität in Std/Mon
	P_1	P_2	
A	1	0	25
B	0	1	60
C	1	2	125
Gewinn in GE	50	70	

Welche Stückzahlen müssen von den einzelnen Produkten monatlich hergestellt werden, damit ein möglichst hoher Gewinn erzielt wird?

Diese Angaben genügen, um ein mathematisches Modell zu erstellen.

1. Die Variablen der Aufgabe sind:
   x_1 = Die monatlich herzustellende Menge von Produkt P_1.
   x_2 = Die monatlich herzustellende Menge von Produkt P_2.
   G = Der Gewinn.

2. Die Restriktionen oder einschränkenden Bedingungen bestehen aus den Produktionszeiten je Mengeneinheit und den maximal zur Verfügung stehenden monatlichen Maschinenzeiten:
   (A) $1\,x_1 + 0\,x_2 \leqq 25$
   (B) $0\,x_1 + 1\,x_2 \leqq 60$
   (C) $1\,x_1 + 2\,x_2 \leqq 125.$

3. Die Zielfunktion oder Zielgleichung soll die erzielbaren Gewinne je Stück zu einem maximalen Gesamtgewinn führen.
   $50\,x_1 + 70\,x_2 = G_{max}$

4. Da keine negativen Mengen produziert werden können, müssen folgende Nichtnegativitätsbedingungen erfüllt sein:
   $x_1 \geqq 0,\ x_2 \geqq 0.$

Zusammengefaßt läßt sich die Aufgabe folgendermaßen formulieren:

1. $1\,x_1 + 0\,x_2 \leqq 25$
   $0\,x_1 + 1\,x_2 \leqq 60$
   $1\,x_1 + 2\,x_2 \leqq 125$

2. $50\,x_1 + 70\,x_2 = G_{max}$

3. $x_1, x_2 \geqq 0.$

Liegt ein mathematisches Modell mit einheitlichen $\leqq$-Restriktionen und Nichtnegativitätsbedingungen vor, spricht man von der Normalform der Maximum-Optimierung oder vom Standard-Maximum-Problem.

2.2 Grafische Lösung

Probleme mit nur zwei Strukturvariablen (x_1 und x_2) lassen sich in einem zweidimensionalen Koordinatensystem grafisch darstellen. Dazu ist es nötig, die Schnittpunkte, das heißt die maximalen Ausbringungsmengen je Produkt und Maschine festzustellen. Der in Bild 1 schraffiert eingezeichnete Bereich umfaßt das Feld, in dem das produktionstechnisch mögliche Produktionsprogramm erfüllt werden kann. Das Produk-

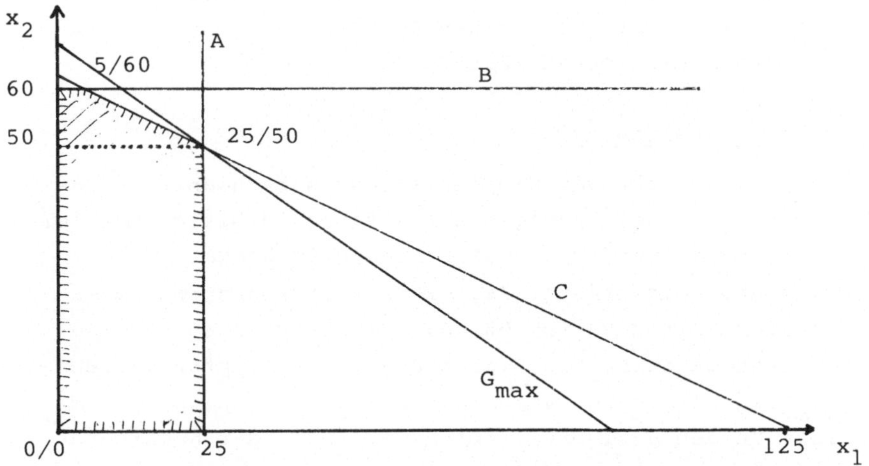

Bild 1 Grafische Lösung einer Maximierungsaufgabe

tionsprogramm, das den größtmöglichen Gewinn erbringt, muß durch einen Eckpunkt im zulässigen Lösungsbereich beschrieben werden.

Durch Umstellung der Zielfunktionsgleichung erhält man $x_2 = -\frac{5}{7} x_1 + \frac{1}{70} G$. Der größtmögliche Gewinn wird erzielt, in dem man eine Gerade aus der Geradenschar auswählt und sie von Punkt 0/0 ausgehend entlang der x_2-Achse verschiebt, bis sie den äußersten Eckpunkt des Lösungsbereiches erreicht hat. Dieser gewinnreichste Eckpunkt zeigt eine Kombination von 25 Stück x_1 und 50 Stück x_2 an. Fügt man die Ergebnisse in die Gewinngleichung ein, ergibt sich ein maximaler Gewinn von 4.750 GE. Setzen wir die Ergebnisse auch noch in die Restriktionen ein, sehen wir, daß die Maschinen A und C voll ausgelastet sind. Nur bei Maschine B bleiben 10 Stunden ungenutzt.

Das grafische Verfahren ist allerdings nur für Aufgaben mit zwei oder auch drei Strukturvariablen einsetzbar. In der Praxis müssen wesentlich mehr Variable auf ein Optimum hin untersucht werden. Das grafische Verfahren dient deshalb vor allem der Veranschaulichung der linearen Optimierung. Zur Lösung von in der Größe unabhängigen Optimierungsaufgaben ist mit dem Simplexverfahren eine algebraische Methode entwickelt worden, die sich sehr gut für den Einsatz in elektronischen Rechenmaschinen einrichten läßt.

2.3 Das Simplexverfahren

Um unser Beispiel für das Simplexverfahren rechenbar zu machen, müssen die Ungleichungen der Aufgabe in Gleichungen umgewandelt werden. Für jede Restriktion wird deshalb eine Schlupfvariable eingeführt. Ist ein Maximierungsproblem in der Normalform mit n Variablen und m Restriktionen vorgegeben, so entsteht durch die Einführung der Schlupfvariablen $s_1 \ldots s_m$ ein Gleichungssystem aus m Gleichungen und n + m Variablen. Zu den Schlupfvariablen, die auch der Nichtnegativitätsbedingung $s_i \geqq 0$ unterliegen, werden sogenannte Einheitsvektoren gebildet. Dabei wird die Aufgabe folgendermaßen in Matrizenform geschrieben:

$$\begin{array}{ll}
(A) & 1x_1 + 0x_2 + 1s_1 + 0s_2 + 0s_3 = 25 \\
(B) & 0x_1 + 1x_2 + 0s_1 + 1s_2 + 0s_3 = 60 \\
(C) & 1x_1 + 2x_2 + 0s_1 + 0s_2 + 1s_3 = 125 \\
 & 50x_1 + 70x_2 + 0s_1 + 0s_2 + 0s_3 = Z\ (x_1,\ x_2) \\
 & x_1 \geqq 0,\ x_2 \geqq 0,\ s_1 \geqq 0 \ldots s_3 \geqq 0.
\end{array}$$

Die Matrix läßt sich schematisch noch einfacher darstellen. Da die Nichtnegativitätsbedingungen durch das Simplexverfahren automatisch eingehalten werden, wird auf ihre Aufführung verzichtet. Zudem erweist es sich als zweckmäßig, die Zielfunktion der Maximierungsaufgabe mit umgekehrten Vorzeichen zu notieren.

x_1	x_2	s_1	s_2	s_3	=	b_i
1	0	1	0	0		25
0	1	0	1	0		60
1	2	0	0	1		125
-50	-70	0	0	0		Z_{max}

2.3.1 Ausgangslösung

Zu Beginn des Verfahrens sind die in der letzten Spalte angegebenen Kapazitäten ungenutzt. Die Schlupfvariablen haben auch die Aufgabe, die in den Restriktionen ungenutzten Kapazitäten zu beschreiben. Die mit x bezeichneten Produkte haben in die Planung noch keinen Eingang gefunden. Da die Kapazitäten noch nicht belegt sind, ist auch der erzielbare Gewinn 0 GE. Weil aber die Nichtnutzung der vorhandenen Möglichkeiten eine erlaubte Alternative ist, bilden demnach die Schlupfvariablen die erste zulässige Ausgangslösung.

2.3.2 Verbesserung der Ausgangslösung

Für den ersten Rechenschritt heißen die Variablen $x_1 \ldots x_n$ Nichtbasisvariable, die Variablen $s_1 \ldots s_m$ Basisvariable. Zur Verbesserung der Basislösung Null müssen Nichtbasisvariable in die Lösung eingeführt und Basisvariable aus der Lösung ausgeschlossen werden. Dieser Variablentausch wird als Basistransformation bezeichnet. Grafisch betrachtet bewegt sich das Simplexverfahren von Punkt 0/0 ausgehend von Eckpunkt zu Eckpunkt - wobei meist viele Eckpunkte übersprungen werden -, bis eine optimale Lösung gefunden ist. Dabei wird das Ergebnis mit jedem Rechenschritt verbessert.

Um einen möglichst hohen Gesamtgewinn zu erhalten, ist es sinnvoll, das Produkt x_2, das mit 70 GE den größten Einzelgewinn erwirtschaftet, auf die Anlagen zu verteilen. Berücksichtigt man, daß die Zahlen der letzten Spalte eine Obergrenze beschreiben, stellt sich heraus, daß auf Anlage B 60 Stück und auf Anlage C 62 Stück hergestellt werden können. Da wir aber für die Herstellung von Produkt x_2 die Anlagen B und C benötigen, bildet Anlage B einen Engpaß. Es können demnach nicht mehr als 60 Stück von Produkt x_2 hergestellt werden.

Wenn wir von x_2 60 Einheiten produzieren, ist Anlage A mit 25 Stunden noch ungenutzt, bei Maschine C stehen noch 5 Stunden zur Verfügung. Damit würde aber schon ein Gesamtgewinn von 60 · 70 GE = 4.200 GE erwirtschaftet. In weiteren Schritten muß anschließend versucht werden, dieses Ergebnis durch die Aufnahme von anderen Variablen in die Basislösung zu verbessern.

2.3.3 Lösungsalgorithmus

Eine Voraussetzung für das hier angewendete Lösungsverfahren ist, daß kein Element kleiner als Null in der letzten Spalte der Matrix steht. Die Umrechnung läßt sich dann im Simplexalgorithmus mit folgenden Rechenvorschriften bewerkstelligen:

1. Zunächst muß die Spalte ausgesucht werden, die die größte Verbesserung der Ausgangslösung verspricht. Wegen der Änderung des Vorzeichens muß das kleinste negative Element der Zielfunktion ausgewählt werden. Dieses Element kennzeichnet die Pivot- oder Hauptspalte.
2. Um den Engpaßsektor zu ermitteln, werden die Quotienten aus den Elementen der letzten Spalte und den Elementen der Pivotspalte gebildet. Die Zeile mit dem kleinsten Quotienten größer als Null ist die Pivotzeile.

3. Am Schnittpunkt von Pivotspalte und Pivotzeile befindet sich das Pivotelement. Es muß größer als Null sein.

4. Danach werden alle Elemente der Matrix nach der Rechtecksregel zeilenweise umgerechnet:
   a) Zunächst werden alle Koeffizienten der Pivotzeile durch das Pivotelement dividiert.
   b) Anschließend werden alle übrigen Matrizenelemente umgerechnet, indem das Produkt aus der dem jeweiligen Element in der Pivotspalte und der Pivotzeile gegenüberliegenden Koeffizienten durch das Pivotelement dividiert und die Summe vom jeweiligen Element subtrahiert wird.

Das Verfahren wird so lange fortgesetzt, bis alle Elemente der Zielfunktionszeile positiv sind. Die bis dahin gefundene Lösung ist dann nicht mehr zu verbessern.

In Tabelle 1 sind die Veränderungen des Ausgangstableaus (Tab. 1.1) bis zum Abschlußtableau (Tab. 1.4) aufgezeichnet. Zur Kennzeichnung des Lösungsweges sind alle Basisvariablen jeweils vor der 1. Spalte aufgeführt. Als rechnerisches Beispiel sei hier die Umrechnung von Tableau 1 nach Tableau 2 aufgeführt. Es müssen nur die Zeilen 3 und 4 umgerechnet werden. Da das Pivotelement 1 ist, ändert sich Zeile 2 bei einer Division nicht. Enthält die Pivotspalte ein Element Null wie in Zeile 1, erübrigt sich auch hier die Umrechnung. Es werden folgende Rechenoperationen durchgeführt:

3. Zeile	4. Zeile
$1 - \frac{2 \cdot 0}{1} = 1$	$-50 - \frac{0 \cdot -70}{1} = -50$
$2 - \frac{2 \cdot 1}{1} = 0$	$-70 - \frac{1 \cdot -70}{1} = 0$
$0 - \frac{2 \cdot 0}{1} = 0$	$0 - \frac{0 \cdot -70}{1} = 0$
$0 - \frac{2 \cdot 1}{1} = -2$	$0 - \frac{1 \cdot -70}{1} = 70$
$1 - \frac{2 \cdot 0}{1} = 1$	$0 - \frac{0 \cdot -70}{1} = 0$
$125 - \frac{2 \cdot 60}{1} = 5$	$0 - \frac{60 \cdot -70}{1} = 4.200.$

Tabelle 1 Numerische Lösung einer Maximierungsaufgabe nach dem Simplexverfahren

		x_1	x_2	s_1	s_2	s_3	=	b_i	Engpaß
	s_1	1	0	1	0	0		25	-
1.	s_2	0	1	0	1	0		60	60
	s_3	1	2	0	0	1		125	62,5
		-50	-70	0	0	0		0	
	s_1	1	0	1	0	0		25	25
2.	x_2	0	1	0	1	0		60	-
	s_3	1	0	0	-2	1		5	5
		-50	0	0	70	0		4.200	
	s_1	0	0	1	2	-1		20	10
3.	x_2	0	1	0	1	0		60	60
	x_1	1	0	0	-2	1		5	-
		0	0	0	-30	50		4.450	
	s_2	0	0	0,5	1	-0,5		10	
4.	x_2	0	1	-0,5	0	0,5		50	
	x_1	1	0	1	0	0		25	
		0	0	15	0	35		4.750	

Bei der Umrechnung vom 1. zum 2. Tableau wird die Nichtbasisvariable x_2 gegen die Basisvariable s_2 in Spalte 4 getauscht. Im darauf folgenden Rechenschritt wird die Nichtbasisvariable x_1 gegen die Basisvariable s_3 getauscht. Die letzte Verbesserung des Gesamterfolges wird durch die Wiedereinführung der Nichtbasisvariablen s_2 anstelle der Basisvariablen s_1 erzielt. Als Ergebnis läßt sich ablesen:

$$x_1 = 25 \qquad s_1 = 0 \qquad z_{max} = 4.750.$$
$$x_2 = 50 \qquad s_2 = 10$$
$$s_3 = 0$$

2.4 Besondere Lösungsfälle

2.4.1 Unlösbarkeit

Es ist möglich, daß eine Optimierungsaufgabe nicht lösbar ist. Erhalten wir bei der Aufstellung oder Berechnung einer Maximierungsaufgabe in der Normalform eine Matrix mit folgendem Aussehen,

	x_1	x_2	s_1	s_2	s_3	=	b_i
x_2	-1	1	1	0	0		4
s_2	0	0	1	1	0		6
s_3	-1	0	2	0	1		14
	-5	0	3	0	0		12

müßte die Spalte x_1 in die Basis aufgenommen werden. Nach den Rechenregeln kann aber die Berechnung der Aufgabe nicht fortgesetzt werden, weil kein Pivotelement größer als Null bestimmt werden kann.

B i l d 2 stellt die Aufgabe grafisch dar. Die Zielfunktion ist in diesem Falle nach oben hin unbegrenzt, das heißt, die Aufgabe hat keine endliche Lösung. Das Simplexverfahren muß an dieser Stelle abgebrochen werden.

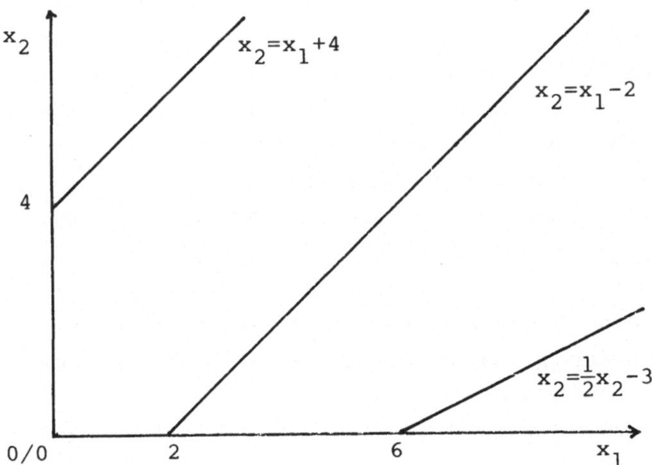

Bild 2 Unlösbare Aufgabe

2.4.2 Ausartung

Eine Aufgabe der linearen Optimierung bezeichnet man als ausgeartet oder degeneriert, wenn mindestens eine Basisvariable gleich Null ist. Es ist möglich, daß bereits in der Aufgabenstellung eine Ausartung vorliegt.

	x_1	x_2	x_3	$\leq$	b_i
s_1	1	1	2		4
s_2	2	-1	-1		0
s_3	1	0	3		8
	5	1	3		Z_{max}

Die Ausartung kann aber auch erst nach einigen Iterationen auftreten. Das ist in solchen Situationen der Fall, in denen der Engpaßsektor nicht eindeutig bestimmbar ist, das heißt, es liegen mindestens zwei gleichwertige Engpaßsektoren vor (T a b e l l e 2). In einem solchen Falle muß man sich für eine der beiden Alternativen entscheiden. Für die Richtigkeit des zu erzielenden Ergebnisses ist es unerheblich, welche Variable in diesem Falle aus der Basis ausgeschlossen wird. Nach der Basistransformation ist die Matrix in der zuvor nicht gewählten Restriktion ausgeartet. Aufgrund der Lösungsvorschriften wird eine ausgeartete Zeile bevorzugt aus der Basis ausgeschlossen. Das hat zur Folge, daß in der anschließenden Basistransformation keine Verbesserung der Zielfunktion erfolgt, sondern nur eine andere Variable in die Basis aufgenommen wird. Die sonst für die Aufgaben der Normalform kennzeichnende stetige Verbesserung des Ergebnisses erfüllt sich daher nicht. Der Wert der Zielfunktion bleibt gleich. Grafisch betrachtet schneiden sich bei einer Ausartung mindestens drei Geraden des Gleichungssystems in einem Eckpunkt des zulässigen Lösungsbereiches (B i l d 3).

Problematisch wird eine Ausartung aber erst, wenn in ihrer Folge ein Zyklus entsteht, das heißt, der Wert der Zielfunktion wiederholt sich in einem bestimmten Rhythmus. Da die Entstehung eines Zyklus in der Praxis kaum vorkommt und somit vor allem von theoretischem Interesse ist, können wir dieses Problem übergehen.

Tabelle 2 Numerische Lösung einer ausgearteten Maximierungsaufgabe

		x_1	x_2	x_3	s_1	s_2	s_3	= b_i	q_i
	s_1	1	-2	1	1	0	0	6	6
1.	s_2	-2	2	2	0	1	0	4	2
	s_3	2	1	4	0	0	1	8	2
		-4	-5	-6	0	0	0	0	
	s_1	2	-3	0	1	$-\frac{1}{2}$	0	4	2
2.	x_3	-1	1	1	0	$\frac{1}{2}$	0	2	-
	s_3	6	-3	0	0	-2	1	0	0
		-10	1	0	0	3	0	12	
	s_1	0	-2	0	1	$\frac{1}{6}$	$-\frac{1}{3}$	4	-
3.	x_3	0	$\frac{1}{2}$	1	0	$\frac{1}{6}$	$\frac{1}{6}$	2	4
	x_1	1	$-\frac{1}{2}$	0	0	$-\frac{1}{3}$	$\frac{1}{6}$	0	-
		0	-4	0	0	$-\frac{1}{3}$	$\frac{5}{3}$	12	
	s_1	0	0	4	1	$\frac{1}{12}$	$\frac{1}{3}$	12	
4.	x_2	0	1	2	0	$\frac{1}{3}$	$\frac{1}{3}$	4	
	x_1	1	0	1	0	$-\frac{1}{6}$	$\frac{1}{3}$	2	
		0	0	8	0	1	3	28	

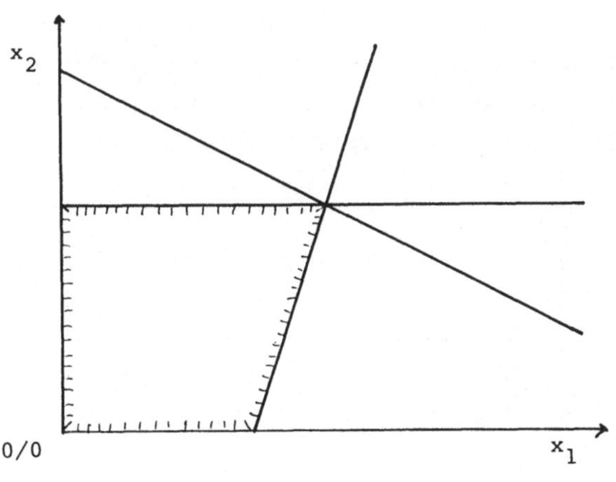

Bild 3

Ausgeartete Aufgabe

Aus ökonomischer Sicht kann eine Ausartung durchaus wünschenswert sein, da sie zu einer besonders günstigen Auslastung der Kapazitäten führt.

Treten bei einer Maximierungsaufgabe in der Zielfunktion zwei gleichwertige Koeffizienten auf, hat dies für den Fortgang der Lösung keine besonderen Auswirkungen.

2.4.3 Mehrdeutigkeit

Von einer mehrdeutigen Lösung spricht man dann, wenn das Optimum einer Planungsaufgabe nicht in einem Eckpunkt, sondern auf einer Strecke des zulässigen Lösungsbereiches liegt (B i l d 4). In einem solchen Falle ist die Zahl der Lösungen unendlich groß, ohne daß dabei das Optimum verlassen werden müßte. Die Mehrdeutigkeit einer Lösung erkennt man daran, daß wenigstens ein Koeffizient einer Nichtbasisvariablen in der Zielfunktion Null wird. Als Beispiel sei folgende Aufgabe angenommen:

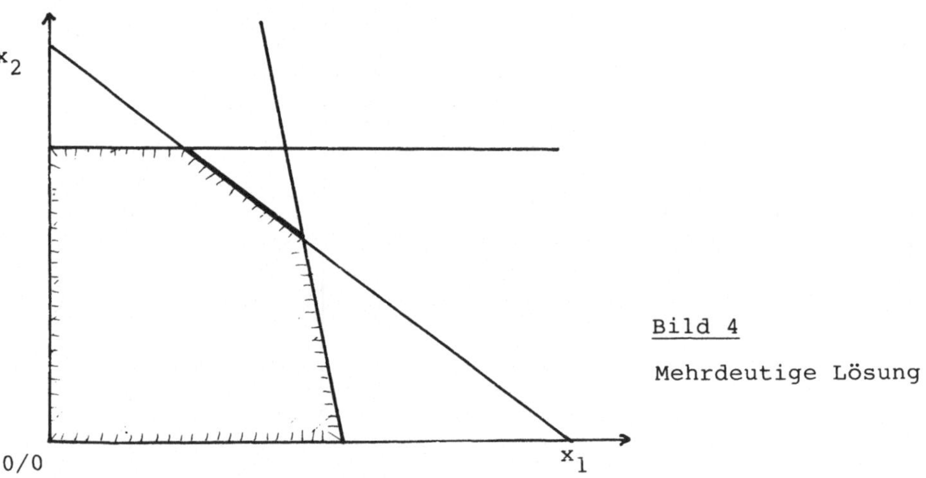

Bild 4

Mehrdeutige Lösung

	x_1	x_2	x_3	$\leqq$	b_i
s_1	1	2	1		6
s_2	-2	2	2		4
s_3	2	1	4		8
	4	5	6		Z_{max}.

Nach mehreren Iterationen erhalten wir folgendes Abschlußtableau:

	x_1	x_2	x_3	s_1	s_2	s_3	(=)	b_i
x_2	0	1	0	$\frac{1}{2}$	$\frac{1}{12}$	$-\frac{1}{6}$		2
x_3	0	0	1	$-\frac{1}{4}$	$\frac{1}{8}$	$\frac{1}{4}$		1
x_1	1	0	0	$\frac{1}{4}$	$\frac{7}{24}$	$\frac{1}{12}$		1
	0	0	0	2	$\boxed{0}$	1		20.

Die Mehrdeutigkeit der Lösung wird in Spalte s_2 sichtbar. Wenn wir diese Variable bei einem zusätzlichen Variablentausch in die Lösung aufnehmen, ergibt sich folgende Lösung:

$$x_1 = 3\tfrac{1}{3} \qquad s_1 = 0 \qquad z_{max} = 20.$$
$$x_2 = 1\tfrac{1}{3} \qquad s_2 = 8$$
$$x_3 = 0 \qquad s_3 = 0$$

So kann ein mehrdeutiges Ergebnis unter Einbeziehung anderer Gesichtspunkte variiert werden, ohne daß dabei eine Verschlechterung in Kauf genommen werden müßte.

2.5 Verallgemeinerung

Die Normalform der Maximum-Optimierung läßt sich verallgemeinert folgendermaßen beschreiben:

$$\begin{array}{lllllll}
a_{11}x_1 & + a_{12}x_2 & + \dots & + a_{1n}x_n & \leqq & b_1 \\
a_{12}x_1 & + a_{22}x_2 & + \dots & + a_{2n}x_n & \leqq & b_2 \\
\vdots & \vdots & & \vdots & & \vdots \\
a_{m1}x_1 & + a_{m2}x_2 & + \dots & + a_{mn}x_n & \leqq & b_m \\
c_1x_1 & + c_2x_2 & + \dots & + c_nx_n & = & z_{max} \\
 & & x_1, x_2 \dots, & x_n & \geqq & 0.
\end{array}$$

In der Matrizenschreibweise wird die Normalform der Maximum-Optimierung wie folgt dargestellt:

$$Z(x) = \langle c,x \rangle$$
$$x \geqq 0$$
$$A \cdot x \leqq b.$$

A ist die Matrix der Nebenbedingungen.

$$A = \begin{pmatrix} a_{11} a_{12} & \cdots & a_{1n} \\ a_{21} a_{22} & \cdots & a_{2n} \\ \vdots & & \vdots \\ a_{m1} a_{m2} & \cdots & a_{mn} \end{pmatrix}$$

b ist der Vektor der Beschränkungen.

$$b = \begin{pmatrix} b_1 \\ b_2 \\ \vdots \\ b_m \end{pmatrix}$$

c ist der Vektor der Zielfunktionskoeffizienten.

$$c = \begin{pmatrix} c_1 \\ c_2 \\ \vdots \\ c_n \end{pmatrix}$$

x ist der Vektor der Variablen.

$$x = \begin{pmatrix} x_1 \\ x_2 \\ \vdots \\ x_n \end{pmatrix}$$

Bei Verwendung des Summenzeichens sieht die Aufgabenformulierung folgendermaßen aus:

$$\sum_{j=1}^{n} a_{ij}x_j \leqq b_i, \quad i = 1, \ldots, m$$

$$\sum_{j=1}^{n} c_j x_j = z_{max}$$

$$x_j \geqq 0 \qquad j = 1, \ldots, n.$$

Das Ungleichungssystem wird durch Einführung von Schlupfvariablen s_i mit $s_i \geqq 0$ in ein lineares Gleichungssystem überführt:

$$\begin{array}{ccc|c} x_1 & \ldots & x_n & \leqq \\ a_{11} & \ldots & a_{1n} & b_1 \\ \vdots & & \vdots & \vdots \\ a_{m1} & \ldots & a_{mn} & b_m \\ \hline c_1 & \ldots & c_n & z_{max} \end{array} \quad \Rightarrow \quad \begin{array}{cccccc|c} x_1 & \ldots & x_n & s_1 & \ldots & s_m & = \\ a_{11} & \ldots & a_{1n} & 1 & & 0 & b_1 \\ \vdots & & \vdots & & \ddots & & \vdots \\ a_{m1} & \ldots & a_{mn} & 0 & & 1 & b_m \\ \hline c_1 & \ldots & c_n & 0 & \ldots & 0 & z_{max}. \end{array}$$

In diesem linearen Gleichungssystem ist die Zahl der Schlupfvariablen gleich der Zahl der ursprünglichen Ungleichungen. Die Schlupfvariablen werden durch Einheitsvektoren dargestellt. Die den Einheitsvektoren zugeordneten Schlupfvariablen $s_1 \ldots s_m$ sind im Ausgangstableau Basisvariable, weil sie die erste zulässige Ausgangslösung bilden. Setzt man für die Nichtbasisvariablen Null ein, ergibt sich mit $s_i = b_i$ eine erste Basislösung Null.

Durch den Einsatz des Simplexverfahrens soll die Basislösung schrittweise verbessert werden. Dazu müssen Nichtbasisvariable in die Lösung eingeführt und Basisvariable aus der Lösung eliminiert werden. Diese Basistransformation wird so lange fortgesetzt, bis ein optimales Ergebnis erreicht ist.

Das Simplexverfahren für die Normalform der Maximum-Optimierung arbeitet nach folgendem Verfahren:

1. Wahl der Pivotspalte
   Die Verbesserung des Wertes der Zielfunktion ist dann am größten, wenn aus der Zielfunktionszeile c_j die Spalte mit dem kleinsten negativen Koeffizienten c_k ausgewählt wird. Es gilt die Regel $c_k = \min\limits_{c_j \geqq 0} c_j$. Ist kein Koeffizient $c_j < 0$ vorhanden, ist eine optimale Lösung gefunden.

2. Wahl der Pivotzeile
   Um festzulegen, welche Variable aus der Basis ausgeschlossen werden soll, muß die Zeile bestimmt werden, die den Engpaß für die Verbesserung des Gesamtergebnisses beschreibt. Dazu wird der kleinste Quotient q_i mit $q_i \geqq 0$ aus den Koeffizienten der Spalte b_i und der Pivotspalte a_{ik} ausgewählt. Bei der Bestimmung des Indexes r für die Pivotzeile wird durch Anwendung der Regel $q_r = \min\limits_{a_{ik} > 0} \frac{b_i}{a_{ik}}$ sichergestellt, daß das Pivotelement a_{rk} größer als Null ist. Sonst könnten die Nichtnegativitätsbedingungen nicht eingehalten werden. Gibt es in der Pivotspalte keinen Koeffizienten $a_{ik} > 0$, ist keine zulässige Lösung erreichbar. Die Aufgabe ist unlösbar.

3. Basistransformation
   In der anschließenden Basistransformation wird die gesamte Matrix umgerechnet. Zunächst werden die Elemente der Pivotzeile a_{rj} durch das Pivotelement a_{rk} dividiert.

   (1) $a_{rj}' = \frac{a_{rj}}{a_{rk}}$

   Alle übrigen Elemente werden nach der Regel

   $a_{ij}' = a_{ij} - \frac{a_{rj} \cdot a_{ik}}{a_{rk}}$ neu berechnet.

Da die Matrix sukzessive umgerechnet wird, kann auf die neu berechnete Pivotzeile a_{rj}' zurückgegriffen und die zweite Rechenregel verkürzt werden:

(2) $a_{ij}' = a_{ij} - a_{rj}' \cdot a_{ik}$.

Das Verfahren wird so lange wiederholt, bis die Koeffizienten der Zielfunktionszeile $c_j \geqq 0$ sind.

In Bild 5 ist das Simplexverfahren noch einmal im Ablauf dargestellt.

Das Ausgangstableau für das Simplexverfahren sieht allgemein wie folgt aus:

$$
\begin{array}{ccccccccccccccccc}
x_1 & x_2 & \ldots & x_j & \ldots & x_k & \ldots & x_n & s_1 & \ldots & s_i & \ldots & s_m & \\
a_{11} & a_{12} & \ldots & a_{1j} & \ldots & a_{1k} & \ldots & a_{1n} & 1 & \ldots & 0 & \ldots & 0 & b_1 \\
a_{21} & a_{22} & \ldots & a_{2j} & \ldots & a_{2k} & \ldots & a_{2n} & 0 & & 1 & & 0 & b_2 \\
\vdots & \vdots & & \vdots & & \vdots & & \vdots & & & & & & \vdots \\
a_{i1} & a_{i2} & \ldots & a_{ij} & \ldots & a_{ik} & \ldots & a_{in} & 0 & & 0 & & 0 & b_i \\
\vdots & \vdots & & \vdots & & \vdots & & \vdots & & & & & & \vdots \\
a_{r1} & a_{r2} & \ldots & a_{rj} & \ldots & a_{rk} & \ldots & a_{rn} & 0 & & 0 & & 0 & b_r \\
a_{m1} & a_{m2} & \ldots & a_{mj} & \ldots & a_{mk} & \ldots & a_{mn} & 0 & \ldots & 0 & \ldots & 1 & b_m \\
-c_1 & -c_2 & \ldots & -c_j & \ldots & -c_k & \ldots & -c_n & 0 & \ldots & 0 & \ldots & 0 & 0.
\end{array}
$$

Die Notation sei hier noch einmal zusammengefaßt:

- k = Index der Pivotspalte
- r = Index der Pivotzeile
- a_{ik} = Element der Pivotspalte
- a_{rj} = Element der Pivotzeile
- a_{rk} = Pivotelement
- a_{ij} = Element der i-ten Zeile und der j-ten Spalte
- c_j = Element der Zielfunktion
- b_i = Element der letzten Spalte

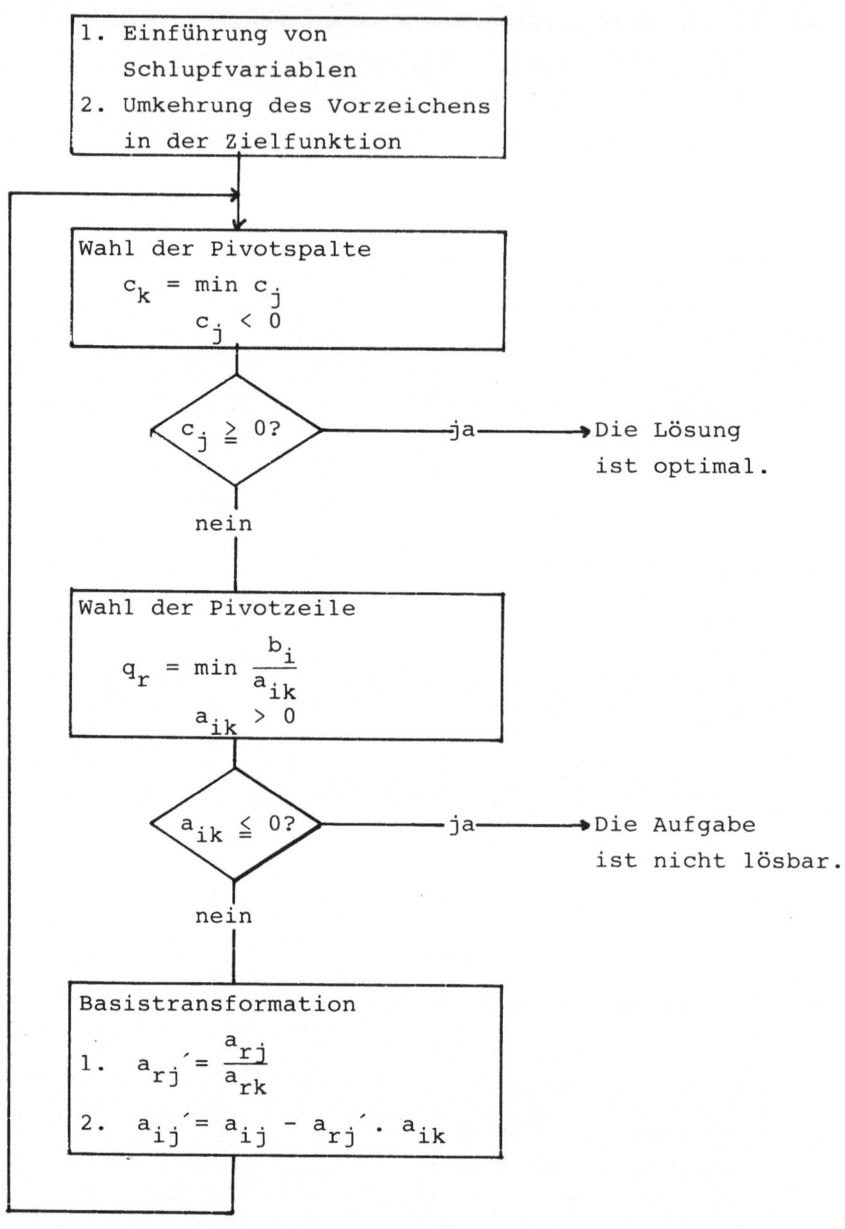

Bild 5 Lösungsweg für die Normalform der Maximum-Optimierung

3 Entwurf eines Programms zur Simplexmethode

3.1 Dateneingabe

Um eine Optimierungsaufgabe von einem elektronischen Rechner lösen zu lassen, muß zuerst überlegt werden, wie eine Aufgabe in den Computer eingegeben werden soll, und welche weiteren Bestandteile für den Lösungsprozeß notwendig sind. Die Größe der einzugebenden Matrix ergibt sich aus der Zahl der Variablen und der Zahl der Restriktionen. Eine in Gleichungsform gebrachte Restriktion besteht aus n Strukturvariablen, m Schlupfvariablen und einer oberen Begrenzung. Die Matrix besteht aus m Restriktionen sowie der Zielfunktion. Demnach besteht die Matrix aus $(n + m + 1) \cdot (m + 1)$ Zahlen, die jeweils einen Speicherplatz benötigen. Zur Speicherung einer Aufgabe mit 2 Variablen und 3 Restriktionen werden danach 24 Register benötigt. Um am Ende der Berechnungen feststellen zu können, welche Variablen in die Lösung eingegangen sind, ist es notwendig, m weitere Register für Indexziffern als Anhang zur Matrix bereitzustellen.

Zur Lösung einer Aufgabe durch einen Rechner ist es weiterhin notwendig, eine bestimmte Anzahl von Registern der Matrix voranzustellen, in die alle Kennziffern aufgenommen werden, die zur Steuerung des Programms notwendig sind. Für den HP-41, für den die hier vorzustellenden Programme eingerichtet werden, hat sich die Zahl von 11 Steuerregistern als am günstigsten erwiesen.[*)] Dadurch erhöht sich der Speicherbedarf für eine Aufgabe mit 2 Variablen und 3 Restriktionen auf 38 Register. Allgemein läßt sich der Speicherbedarf nach der Formel $11 + (n + m + 1) \cdot (m + 1) + m$ berechnen.

*) Für Benutzer anderer Rechnertypen ist es möglicherweise sinnvoll, zunächst eine größere Anzahl von Steuerregistern vorzusehen.

Um die Speicherverteilung zu verdeutlichen, wollen wir das Ausgangsbeispiel heranziehen:

x_1	x_2	$\leq$	b_i
1	0		25
0	1		60
1	2		125
50	70		z_{max}

Die Angaben, die mit diesem Tableau gemacht werden, sollen für die Dateneingabe genügen. Alle notwendigen Änderungen und Ergänzungen können durch das Programm vorgenommen werden. Da die Register 00 bis 10 zur Programmsteuerung benötigt werden, kann erst ab Register 11 mit dem Aufbau der Matrix begonnen werden. Sinnvollerweise stellt man sich die Speicherverteilung wie in der schematischen Matrizendarstellung vor:

	x_1	x_2	s_1	s_2	s_3	b_i
s_1	R11= 1	R12= 0	R13= 1	R14= 0	R15= 0	R16= 25
s_2	R17= 0	R18= 1	R19= 0	R20= 1	R21= 0	R22= 60
s_3	R23= 1	R24= 2	R25= 0	R26= 0	R27= 1	R28=125
	R29=-50	R30=-70	R31= 0	R32= 0	R33= 0	R34= 0
	R35= 3	R36= 4	R37= 5.			

Die Restriktionen und die Zielfunktion haben eine einheitliche Länge von n + m + 1 Zahlen. Mit den m Indexziffern wird die Position der Basisvariablen in der Kette der Variablen beschrieben. Damit die Nebenbedingungen und die Zielfunktion bei der Dateneingabe den richtigen Registern zugeordnet werden, bildet man nacheinander folgende Schleifensteuerungszahlen:

11,012
17,018
23,024
29,030.

Die Zuordnung der Schlupfvariablen und der oberen Begrenzung erfolgt durch "auffüllen" der Schleifensteuerzahlen. Bei der Matrix der Einheitsvektoren, die durch das Programm automatisch konstruiert werden soll, muß darauf geachtet werden, daß die in jeder Zeile einzuführende Ziffer 1 immer eine Stelle "weiter nach rechts" wandert. Die Begrenzung ist am Ende jeder Zeile einzugeben.

Um deutlich zu machen, welcher Koeffizient der Matrix jeweils einzugeben ist, ist es sinnvoll, durch den Rechner die einzelnen Elemente in der allgemeinen Schreibweise aufrufen zu lassen.

Zur Vorbereitung der Dateneingabe werden die ersten 11 Register mit folgenden Zahlen belegt:

R00= 2	n
R01= 3	m
R02= 5	n + m
R03= 6	n + m + 1
R04=34	Σ Zielfunktion (indirekt)
R05= 1,001	Hilfszahl zur Berechnung von Steuerschleifen
R06= 0	
R07=11,01	Basiszahl für den Matrixaufbau
R08= 1,003	Steuerzahl für die Restriktionen
R09= 0	
R10= 0	

Die ersten 6 Register sind immer gleich belegt. Sie werden zugleich für das Lösungsverfahren eingerichtet. Für die Dateneingabe werden nur die Register 07 und 08 zusätzlich benötigt.

3.2 Lösungsprogramm und Ergebnisanzeige

Das Lösungsprogramm ist nach dem im Bild 5 aufgezeichneten Lösungsweg zu gestalten. Als wichtiger Ausgangspunkt erweist sich Register 04, Σ Zielfunktion (ind.), wenn das Programm möglichst knapp konstruiert werden soll. R04 beschreibt den "rechten unteren Eckpunkt" in der Matrix. Von hier aus kann man, wenn man unter Nutzung der DSE-Anweisung "rückwärts geht", die Matrix nach der Pivotspalte absuchen. Man findet die Pivotspalte, in dem man die n + m Speicher vor dem Σ-Register auf die kleinste Zahl kleiner als Null absucht. Die die Pivotspalte kennzeichnende Ziffer wird als Indexziffer gespeichert.

Zur Ermittlung der Pivotzeile müssen die letzte Spalte und die Pivotspalte herangezogen werden. Die m Koeffizienten der letzten Spalte lassen sich in Abständen von n + m + 1 vom Σ-Register ausgehend erreichen. Vergleichbares gilt für die Pivotspalte. Hier muß zunächst der Speicher ermittelt werden, mit dem die Pivotspalte die Zielfunktion berührt. Danach kann wie bei der letzten Spalte verfahren werden.

Um den kleinsten Quotienten q_i mit $q_i \geqq 0$ herauszufinden, muß zunächst eine möglichst große Zahl produziert werden, an der die Quotienten gemessen werden können. Die Zahl 10^9 oder - weil etwas schneller - 1 E9 dürfte von den Quotienten nicht übertroffen werden.

Auch für die Speicherung der Indexziffern ist die in Register 04 stehende Zahl der Ausgangspunkt. Addiert man zur Ziffer aus R04 die Kennziffer für die Pivotspalte hinzu, erhält man die Adresse für die zu speichernde Indexziffer der Pivotspalte, der neuen Basisvariablen.

Vor der Basistransformation ist es notwendig, Schleifensteuerungszahlen für ISG-Anweisungen zu konstruieren. Für unser Beispiel müssen vor Umrechnung jeder Zeile folgende Zahlen errechnet werden:

11,016
17,022
23,028
29,034.

Ist das Pivotelement verschieden von eins, wird zunächst die Pivotzeile durch das Pivotelement dividiert. In der nachfolgenden Umrechnung wird auf die neue Pivotzeile ständig zurückgegriffen. Die Pivotzeile selbst muß beim zweiten Teil der Umrechnung übersprungen werden. Auch hier hat es sich als sparsam erwiesen, die letzte Zeile der Matrix zuerst umzuwandeln.

Bei Abschluß des Lösungsprozesses steht in der letzten Spalte das Endergebnis. Der Interpretation des Endergebnisses dienen die Indexziffern. Ist die zugeordnete Indexziffer $\leqq$ n, wird damit eine Strukturvariable angezeigt. Im anderen Falle handelt es sich um eine Schlupfvariable. Subtrahiert man von dieser Indexziffer n, ist damit die Schlupfvariable genau bestimmt.

3.3 Programmbeschreibungen

3.3.1 Programm 1 "NFA"

Mit Programm 1 ist die Dateneingabe für Maximierungsprobleme in der Normalform "NFA" programmiert. Zur Kennzeichnung von Maximierungsaufgaben setzen wir Flag 00. Um alle Kennziffern zur Programmsteuerung berechnen zu können, fragt das Programm zunächst die Zahl der Variablen und dann die Zahl der Restriktionen ab. In Zeile 39 wird mit dem Befehl STO IND X geprüft, ob das eingerichtete Speicherformat eine für die Aufgabe ausreichende Größe hat. Ist der Speicher zu klein, erscheint NONEXISTENT in der Anzeige. Die dann im x-Register stehende Zahl ist um 1 vermehrt als neue SIZE-Größe einzurichten. Bevor die Matrix abgefragt wird, setzt das Programm die Kennziffern für die ersten Basisvariablen $s_1 \ldots s_m$. Anschließend wird die Aufgabe im Dialog mit dem Rechner eingegeben.

Zur Eingabe der Nebenbedingungen und der Zielfunktion ist das Unterprogramm LBL 05 eingerichtet. Damit die Koeffizienten der Zielfunktion mit geändertem Vorzeichen gespeichert werden, wird zur Unterscheidung vor der Eingabe der Nebenbedingungen automatisch in den RAD-Modus geschaltet (SF 43) und vor Eingabe der Zielfunktion der DEG-Modus gewählt (CF 43). Am Ende der Dateneingabe wird mit CARD das noch zu erstellende Lösungsprogramm angefordert.

Das Programm "NFA" hat eine Länge von 25 Registern und läßt sich auf einer Magnetkarte aufzeichnen. Der Einsatz von Programm 1 wird in T a b e l l e 3 erläutert.

Tabelle 3 Einsatz der Programme 1 und 2

A. Allgemein	Eingabe	Funktion	Anzeige
1. Programmspeicher von 32 Registern einrichten			
2. USER-Modus einschalten			
3. Programm 1 "NFA" einlesen			
4. Programmaufruf		XEQ"NFA"	VAR?
5. Anzahl der Variablen und der	n	R/S	RESTR?
Restriktionen eingeben	m	R/S 1)	a1,1=?
6. Restriktionen und Zielfunk-	a_{11}	R/S	a1,n=?
tion zeilenweise eingeben	a_{1n}	R/S	b1=?
a = Element der Matrix der	b_1	R/S	am,1=?
der Nebenbedingungen	a_{m1}	R/S	am,n=?
b = Element der rechten	a_{mn}	R/S	bm=?
Spalte	b_m	R/S	c1=?
c = Element der Zielfunktion	c_1	R/S	cn=?
	c_n	R/S	CARD
7. Programm 1 mit Lösungspro-gramm "NA" überschreiben 2)			
8. Anzeige des vorläufigen Maximums nach jeder Iteration	3)		0,0000 . . .
9. Ergebnisanzeige			
X = Strukturvariable			Xj=
S = Schlupfvariable		R/S	Si=
Z = Summe der Zielfunktion		R/S	Z=

1) Erscheint NONEXISTENT in der Anzeige, ist das gewählte Speicherformat zu klein. Die dann im x-Register stehende Zahl ist um 1 zu vermehren und als neues SIZE-Format zu wählen.

2) Das Lösungsprogramm startet automatisch, wenn vor der Übertragung des Programms auf die Magnetkarte Flag 11 gesetzt worden ist.

3) Erscheint innerhalb des Lösungsvorganges DATA ERROR in der Anzeige, ist die Aufgabe nicht lösbar.

Tabelle 3 (Fortsetzung)

B. Beispiel

x_1	x_2	$\leqq$	b_i
1	0		25
0	1		60
1	2		125
50	70		Z_{max}

Tastenfolge		Anzeige
Programm 1 einlesen		
XEQ"NFA"		VAR?
2	R/S	RESTR?
3	R/S	a1,1=?
1	R/S	a1,2=?
0	R/S	b1=?
25	R/S	a2,1=?
0	R/S	a2,2=?
1	R/S	b2=?
60	R/S	a3,1=?
1	R/S	a3,2=?
2	R/S	b3=?
125	R/S	c1=?
50	R/S	c2=?
70	R/S	CARD
Programm 2 einlesen		
		0,0000
		4.200,0000
		4.445,0000
		4.750,0000
		X1=25,0000
	R/S	X2=50,0000
	R/S	S2=10,0000
	R/S	Z=4.750,0000

Für eine neue Rechnung Programm 1 einlesen.

3.3.2 Programm 2 "NA"

Im 2. Programm ist der Lösungsprozeß und die Ergebnisanzeige für Maximierungsaufgaben in der Normalform programmiert.

Das Programm prüft zunächst, ob Flag 00 gesetzt und somit ein Maximierungsproblem zu lösen ist. Im anderen Falle wird ein DATA ERROR produziert. Sonst zeigt der Rechner sofort die Ausgangslösung Null an, sowie nach jeder Iteration das neue Maximium. Nach Abschluß des Lösungsverfahrens wird das Endergebnis ausgedruckt. Aus Gründen der Platzersparnis wird die letzte Zahl der letzten Spalte zuerst angezeigt. Ist kein Drucker angeschlossen, kann durch Betätigung der R/S-Taste jedes Einzelergebnis abgerufen werden. Die Strukturvariablen sind mit "X", die Schlupfvariablen sind mit "S" gekennzeichnet. Am Ende des Programms befindet sich der Rechner wieder im Normalstatus.

Als sparsam erweist sich das hier angewendete Verfahren, Register, die durch die DSE-Anweisung auf Null gestellt worden sind, in nachfolgenden Vergleichen zu nutzen. Bleibt bei der Suche nach einer Pivotspalte das Register 06 unberührt und somit Null, ist die Lösung nicht zu verbessern. Das Ergebnis kann angezeigt werden. Ist bei der Wahl der Pivotzeile kein Quotient $\geqq 0$ zu ermitteln, bleibt Register 10 unberührt. Die Aufgabe hat somit keine endliche Lösung. Bei der nachfolgenden Prüfung wird durch den Inhalt von R10 dividiert (Zeile 57). Der Lösungsprozeß wird hier abgebrochen und durch DATA ERROR die Unlösbarkeit angezeigt. Nur aus Gründen der Sparsamkeit wird hier auf die Anzeige "UNLOESBAR" verzichtet.
Das Programm "NA" hat eine Länge von 32 Registern und kann somit ebenfalls auf einer Magnetkarte aufgezeichnet werden. Damit das Programm nach dem Einlesen automatisch startet, sollte vor dem Überschreiben auf die Magnetkarte Flag 11 gesetzt werden. Vor dem Einsatz der Programme 1 und 2 muß ein Programmspeicher von 32 Registern eingerichtet werden.

Für die Aufgabe stehen damit bis zu 288 Register zur Verfügung. So können zum Beispiel Aufgaben mit 13 Variablen und 10 Restriktionen dem Rechner eingegeben werden.

3.3.3 Programm 3 "AZ"

In vielen Fällen kann es für den Anwender von Interesse sein, den Lösungsvorgang von Iteration zu Iteration aufzuzeichnen. Aus diesem Grunde ist Programm 3 "AZ" eingerichtet worden. Es druckt die jeweilige Matrix spaltenweise und rechtsbündig aus. Zerschneidet man den ausgedruckten Streifen und klebt die Teilstücke nach Spalten zusammen, ergibt sich das jeweilige Tableau. Auf diese Art kann zum Beispiel eine Mehrdeutigkeit in der Abschlußtabelle festgestellt werden.

Programm 3 wird eingesetzt, in dem man bei Programm 2 "NA" den Befehl in Zeile 08 VIEW IND 04 durch XEQ"AZ" ersetzt. Dazu muß aber der Programmspeicher um 9 auf 41 Register erweitert werden.

3.4 Anweisungslisten 1 bis 3

```
PROGRAMM 1

01♦LBL "NFA"
02 SF 00
03 CLRG
04 CF 29
05 FIX 0
06 RAD
07 1,001
08 STO 05
09 11,01
10 STO 07
11 "VAR?"
12 PROMPT
13 STO 00
14 "RESTR?"
15 PROMPT
16 STO 01
17 3
18 10↑X
19 /
20 1
21 +
22 STO 08
23 1
24 RCL 00
25 RCL 01
26 +
27 STO 02
28 +
29 STO 03
30 RCL 01
31 1
32 +
33 *
34 10
35 +
36 STO 04
37 RCL 01
38 +
39 STO IND X
40 RCL 02
41♦LBL 01
42 STO IND Y
43 DSE Y
44 DSE X
45 DSE L
46 GTO 01
47♦LBL 02
48 XEQ 05
49 RCL 07
50 RCL 08
51 +
52 1
53 ST- Y
54 STO IND Y
55 RCL 01
56 RCL 05
57 *
58 ST+ 07
59 "b"
60 ARCL 08
61 "⊢=?"
62 PROMPT
63 STO IND 07
64 LASTX
65 ST+ 07
66 ISG 08
67 GTO 02
68 DEG
69 XEQ 05
70 "CARD"
71 PROMPT
72♦LBL 05
73 RCL 00
74 RCL 05
75 FRC
76 *
77 ST+ 07
78 1
79♦LBL 06
80 "c"
81 FC? 43
82 GTO 07
83 "a"
84 ARCL 08
85 "⊢,"
86♦LBL 07
87 ARCL X
88 "⊢=?"
89 PROMPT
90 FC? 43
91 CHS
92 STO IND 07
93 CLX
94 1
95 +
96 ISG 07
97 GTO 06
98 .END.

                CAT 1
LBL"NFA
.END.       175 BYTES
```

Fortsetzung

```
PROGRAMM 2

01♦LBL "NA"
02 CLX
03 FC?C 00
04 /
05 SF 29
06 FIX 4
07♦LBL 00
08 VIEW IND 04
09 RCL 04
10 STO 08
11 RCL 02
12 STO 10
13♦LBL 01
14 DSE 08
15 RCL IND 08
16 RCL 06
17 X<=Y?
18 GTO 02
19 RDN
20 STO 06
21 RCL 10
22 STO 07
23♦LBL 02
24 DSE 10
25 GTO 01
26 RCL 04
27 STO 08
28 RCL 01
29 X<> 06
30 X=0?
31 GTO 09
32 1 E9
33 STO 09
34♦LBL 03
35 RCL 03
36 ST- 08
37 RCL 07
38 -
39 RCL 08
40 -
41 RCL 09
42 RCL IND 08
43 RCL IND Z
44 X<=0?
45 GTO 04
46 /
47 X>Y?
48 GTO 04
49 STO 09
50 RCL 06
51 STO 10
52♦LBL 04
53 DSE 06
54 GTO 03
55 RCL 10
56 /
57 RCL 10
58 RCL 04
59 +
60 RCL 07
61 STO IND Y
62 1
63 ST- 07
64 RCL 01
65 +
66 STO 06
67 10
68 RCL 03
69 RCL 10
70 *
71 +
72 RCL 05
73 *
74 RCL 02
75 -
76 STO 08
77 STO 09
78 RCL 07
79 +
80 1
81 RCL IND Y
82 X=Y?
83 GTO 06
84♦LBL 05
85 ST/ IND 08
86 ISG 08
87 GTO 05
88♦LBL 06
89 RCL 10
90 RCL 06
91 X=Y?
92 GTO 08
93 RCL 03
94 *
95 10
96 +
97 RCL 05
98 *
99 RCL 02
100 -
101 STO 08
102 RCL 07
103 +
104 RCL IND X
105 X=0?
106 GTO 08
107 +
108 RCL 09
109♦LBL 07
110 RCL IND X
111 LASTX
112 *
113 ST- IND 08
114 ISG Y
115 RDN
116 ISG 08
117 GTO 07
118♦LBL 08
119 DSE 06
120 GTO 06
121 GTO 00
122♦LBL 09
123 RCL 03
124 ST- 08
125 RCL 04
126 RCL 01
127 +
128 RCL 00
129 RCL IND Y
130 "X"
131 X<=Y?
132 GTO 10
133 X<>Y
134 -
135 "S"
136♦LBL 10
137 CF 29
138 FIX 0
139 ARCL X
140 "⊢="
141 SF 29
142 FIX 4
143 ARCL IND 06
144 AVIEW
145 FC? 55
146 STOP
147 DSE 01
148 GTO 09
149 ADV
150 "Z="
151 ARCL IND 04
152 AVIEW
153 .END.

                    CAT 1
LBL'NA
.END.        224 BYTES
```

Fortsetzung

PROGRAMM 3

```
01♦LBL "AZ"
02 RCL 03
03 1 E3
04 /
05 1
06 +
07 STO 07
08 RCL 01
09 LASTX
10 +
11 STO 08
12 11
13 STO 09
14 RCL 03
15 +
16♦LBL 00
17 FIX 0
18 RCL 07
19 PRX
20 FIX 2
21 RCL 08
22 RCL 09
23♦LBL 01
24 VIEW IND X
25 LASTX
26 +
27 DSE Y
28 GTO 01
29 ISG 09
30 +
31 ISG 07
32 GTO 00
33 FIX 4
34 .END.
                CAT 1
LBL'AZ
.END.       56 BYTES
```

3.5 Aufgaben

1.

x_1	x_2	x_3	x_4	$\leq$	b_i
2	-1	1	3		27
2	1	3	0		17
0	3	0	5		20
15	7	23	3		z_{max}

2.

x_1	x_2	x_3	x_4	x_5	x_6	$\leq$	b_i
-6	9	3	0	-2	-1		12
0	-4	3	-3	1	-1		5
2	8	-5	6	-8	4		20
-1	-3	-4	-8	0	4		10
5	1	2	4	9	5		24
3	-1	8	2	-1	9		z_{max}

3.

x_1	x_2	x_3	x_4	x_5	x_6	$\leq$	b_i
2	1	5	3	0	1		30
1	0	0	4	-2	3		24
4	1	0	0	-3	-1		15
5	1	2	3	7	8		43
7	8	9	15	-3	12		z_{max}

Aufgabe 2 wurde Band [2] entnommen.

4 Das duale Simplexverfahren

Jedem linearen Optimierungsproblem läßt sich ein anderes, ein sogenanntes duales Optimierungsproblem zuordnen. In jedem Maximierungsproblem der Normalform, das mit Ungleichungen vom Typ $\leqq$ vorliegt, steckt ein Minimierungsproblem mit Ungleichungen vom Typ $\geqq$. Jede primale Maximierungsaufgabe ist als duale Minimierungsaufgabe darstellbar. Ebenso ist jedes primale Minimierungsproblem als duales Maximierungsproblem darzustellen.

Tabelle 4 Duale Optimierungsaufgaben

x_1	x_2	x_3	$\geqq$ b_i		$\bar{x}_1$	$\bar{x}_2$	$\bar{x}_3$	$\bar{x}_4$	$\leqq$ c_j
1	1	2	28		1	2	1	0	5
2	2	1	44	←dual→	1	2	1	1	6
1	1	1	18		2	1	1	1	4
0	1	1	10		28	44	18	10	$\bar{z}_{max}$
5	6	4	z_{min}						

Vom mathematischen Standpunkt sind beide Aufgaben gleichwertig. Beim praktischen Einsatz behält meist nur die primale Aufgabe ihre Bedeutung. Obwohl mit der Lösung eines primalen Maximierungsproblems gleichzeitig auch das duale Minimierungsproblem gelöst wird, hat ein Lösungsverfahren für Minimierungsprobleme - hier als duales Simplexverfahren bezeichnet - eine eigene Bedeutung.

4.1 Lösung der dualen Maximierungsaufgabe

Ist ein Optimierungsproblem als Minimierungsaufgabe vorgegeben (Tabelle 4), läßt sich dies nicht ohne weiteres mit dem bekannten primalen Simplexalgorithmus lösen. Dazu muß die Aufgabe erst als duales Maximierungsproblem formuliert werden, um für das erste Lösungsverfahren zugänglich zu werden (Tabelle 5). Die gewünschte Lösung ist dann

Tabelle 5 Numerische Lösung einer dualen Maximierungsaufgabe

	$\bar{x}_1$	$\bar{x}_2$	$\bar{x}_3$	$\bar{x}_4$	s_1	s_2	s_3	= c_j	q_j
	1	2	1	0	1	0	0	5	2,5
1.	1	2	1	1	0	1	0	6	3
	2	1	1	1	0	0	1	4	4
	-28	-44	-18	-10	0	0	0	0	
	5	6	7						
	0,5	1	0,5	0	0,5	0	0	2,5	-
2.	0	0	0	1	-1	1	0	1	1
	1,5	0	0,5	1	-0,5	0	1	1,5	1,5
	-6	0	4	-10	22	0	0	110	
	2	6	7						
	0,5	1	0,5	0	0,5	0	0	2,5	5
3.	0	0	0	1	-1	1	0	1	-
	1,5	0	0,5	0	0,5	-1	1	0,5	0,33
	-6	0	4	0	12	10	0	120	
	2	4	7						
	0	1	0,33	0	0,33	0,33	-0,33	2,33	
4.	0	0	0	1	-1	1	0	1	
	1	0	0,33	0	0,33	-0,67	0,67	0,33	
	0	0	6	0	14	6	4	122	
	2	4	1						

aber nicht in der letzten Spalte der Tabelle 5.4 zu finden, sondern in der letzten Zeile. Werden die Spalten s_1, s_2, s_3 in x_1, x_2, x_3 umbenannt, ist die Lösung

$$x_1 = 14 \qquad z_{min} = 122$$
$$x_2 = 6$$
$$x_3 = 4$$

abzulesen. Wird das Ergebnis in die Zielfunktion der primalen Minimierungsaufgabe eingesetzt, geht die Gleichung auf.

4.2 Lösung der primalen Minimierungsaufgabe

Um unser Minimierungsproblem in der Normalform direkt lösen zu können, müssen wir ein anderes Verfahren wählen. Zunächst werden alle Restriktionen, die als Ungleichung vom Typ $\geqq$ vorgegeben sind, durch Multiplikation mit -1 in Ungleichungen vom Typ $\leqq$ umgewandelt.

x_1	x_2	x_3	$\geqq$	b_i
1	1	2		28
2	2	1		44
1	1	1		18
0	1	1		10
5	6	4		z_{min}

⇨

x_1	x_2	x_3	$\leqq$	b_i
-1	-1	-2		-28
-2	-2	-1		-44
-1	-1	-1		-18
0	-1	-1		-10
5	6	4		z_{min}

Im Gegensatz zu Maximierungsaufgaben bleibt beim dualen Lösungsverfahren das Vorzeichen in der Zielfunktion unverändert. Es dürfen aber keine Elemente mit negativem Vorzeichen in der Zielfunktion stehen. Durch Einführung von Schlupfvariablen werden auch hier die Ungleichungen in Gleichungen verwandelt. Damit ist das Ausgangstableau für das duale Simplexverfahren erstellt.

Im ersten Schritt des dualen Lösungsverfahrens wird zunächst die Pivotzeile durch das kleinste Element kleiner als Null in der letzten Spalte festgelegt. Erst danach wird die Pivotspalte ermittelt. Sie wird durch den größten Quotienten $\leqq 0$ aus der Division der Koeffizienten der Zielfunktionszeile durch die gegenüberliegenden Koeffizienten der Pivotzeile bestimmt. Beim dualen Simplexalgorithmus muß das Pivotelement immer kleiner als Null sein. Danach kann die Basistransformation nach den Regeln des primalen Simplexalgorithmus fortgesetzt werden. Die Simplextabelle ist optimal, wenn auf der rechten Seite alle negativen Koeffizienten verschwunden sind.

In T a b e l l e 6 wird der Lösungsprozeß dargestellt. Die Summe der Zielfunktion verringert sich mit jeder Iteration. Das Abschlußtableau weist in der letzten Spalte die optimale Lösung aus. Der Wert der Zielfunktion ist als Absolutwert zu betrachten und kann demnach ohne Vorzeichen notiert werden.

Im Anschluß an die Matrix sind bei jeder Tabelle die Indexziffern angegeben, nach denen die Basisvariablen interpretiert werden.

Die Sonderfälle der Lösungen treten bei beiden Lösungsverren gleichermaßen auf. Ist eine primale Aufgabe nicht lösbar, so bleibt sie es auch bei Anwendung des dualen Lösungsverfahrens. Gleiches gilt auch bei Ausartung und Mehrdeutigkeit.

Zusammenfassend sei hier auf folgende Dualitätssätze hingewiesen:

1. Hat eine primale Aufgabe eine optimale Lösung, so besitzt auch die dazu duale Aufgabe ein Optimum.
2. Der absolute Wert der Zielfunktion kann bei zueinander dualen Aufgaben nicht voneinander abweichen.
3. Aus einer optimalen Simplextabelle lassen sich die primale und die duale Lösung ableiten.

4.3 Verallgemeinerung

Die Normalform der Minimum-Optimierung läßt sich verallgemeinert folgendermaßen beschreiben:

$$\begin{array}{lllllll}
a_{11}x_1 & + a_{12}x_2 & + \dots & + a_{1n}x_n & \geqq & b_1 \\
a_{21}x_1 & + a_{22}x_2 & + \dots & + a_{2n}x_n & \geqq & b_2 \\
\vdots & \vdots & & \vdots & & \vdots \\
a_{m1}x_1 & + a_{m2}x_2 & + \dots & + a_{mn}x_n & \geqq & b_m \\
c_1x_1 & + c_2x_2 & + \dots & + c_nx_n & = & Z_{min} \\
 & & x_1, & x_2, \dots, x_n & \geqq & 0.
\end{array}$$

In der Matrizenschreibweise wird die Normalform der Minimum-Optimierung wie folgt dargestellt:

$$\begin{aligned}
Z(x) &= \langle c,x \rangle \\
x &\geqq 0 \\
A\cdot x &\geqq b.
\end{aligned}$$

Tabelle 6 Numerische Lösung einer primalen Minimierungsaufgabe

	x_1	x_2	x_3	s_1	s_2	s_3	s_4	=	b_i	
	-1	-1	-2	1	0	0	0		-28	
	-2	-2	-1	0	1	0	0		-44	
1.	-1	-1	-1	0	0	1	0		-18	
	0	-1	-1	0	0	0	1		-10	
	5	6	4	0	0	0	0		0	
	4	5	6	7						
	-2,5	-3	-4	-	-	-	-			q_j
	0	0	-1,5	1	-0,5	0	0		-6	
	1	1	0,5	0	-0,5	0	0		22	
2.	0	0	-0,5	0	-0,5	1	0		4	
	0	-1	-1	0	0	0	1		-10	
	0	1	1,5	0	2,5	0	0		-110	
	4	1	6	7						
	-	-1	-1,5	-	-	-	-			q_j
	0	0	-1,5	1	-0,5	0	0		-6	
	1	0	-0,5	0	-0,5	0	1		12	
3.	0	0	-0,5	0	-0,5	1	0		4	
	0	1	1	0	0	0	-1		10	
	0	0	0,5	0	2,5	0	1		-120	
	4	1	6	2						
	-5	-	-0,33	-	-	-	-			q_j
	0	0	1	-0,67	0,33	0	0		4	
	1	0	0	-0,33	-0,33	0	1		14	
4.	0	0	0	-0,33	-0,33	1	0		6	
	0	1	0	0,67	-0,33	0	-1		6	
	0	0	0	0,33	2,33	0	1		-122	
	3	1	6	2						

Zu jedem Minimum-Problem gibt es genau ein Maximum-Problem und umgekehrt. Ist ein Maximum-Problem in der Form

$$Z(x) = \langle c,x \rangle$$
$$x \geqq 0$$
$$A \cdot x \leqq b$$

vorgegeben, so lautet dazu das transformierte duale Minimierungsproblem

$$\bar{Z}(x) = \langle b, \bar{x} \rangle$$
$$\bar{x} \geqq 0$$
$$\bar{A} \cdot \bar{x} \geqq c.$$

Bei zueinander dualen Aufgaben ist der absolute Wert der Zielfunktion gleich.

Zur Anwendung des dualen Simplexverfahrens müssen die Ungleichungen vom Typ $\geqq$ durch Multiplikation mit -1 in Ungleichungen vom Typ $\leqq$ umgewandelt werden. Durch die Einführung von Schlupfvariablen s_i mit $s_i \geqq 0$ wird das Ungleichungssystem in ein lineares Gleichungssystem umgeformt,

$$Z(x) = \langle c, x \rangle$$
$$x \geqq 0$$
$$A \cdot x = b$$

wobei Z(x) gegen ein Minimum geführt wird.

Der Lösungsalgorithmus für das duale Simplexverfahren sieht folgende Schritte vor:

1. Wahl der Pivotzeile durch die Bestimmung $b_r = \min\limits_{b_i < 0} b_i$.

2. Wahl der Pivotspalte nach der Regel

$$q_k = \max_{a_{rj} < 0} \frac{c_j}{a_{rj}} .$$

3. In der nachfolgenden Basistransformation gehen wir nach den von der primalen Simplexmethode vorgegebenen Schritten vor:

(1) $a_{rj}' = \dfrac{a_{rj}}{a_{rk}}$

(2) $a_{ij}' = a_{ij} - a_{rj}' \cdot a_{ik}$.

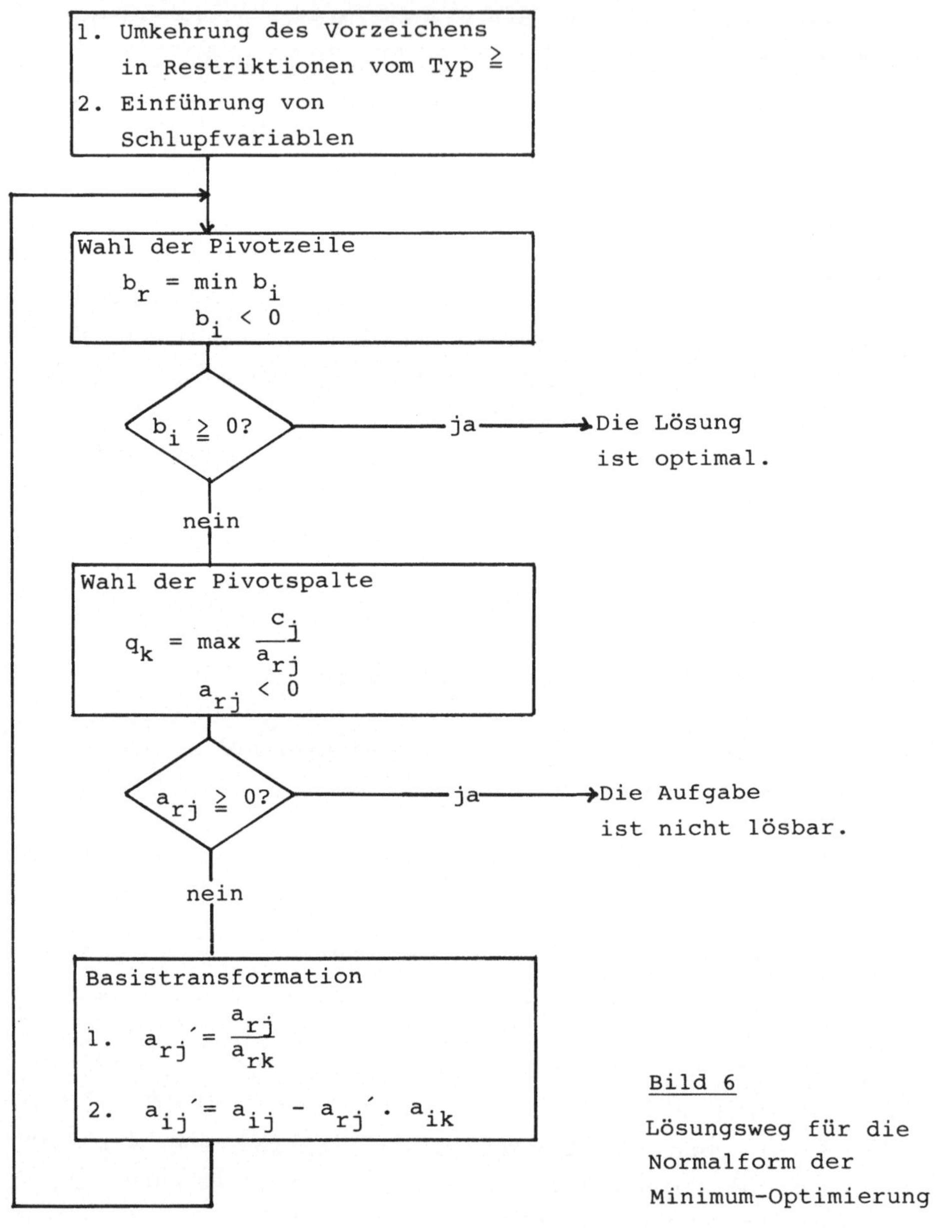

Bild 6

Lösungsweg für die Normalform der Minimum-Optimierung

In Bild 6 wird das duale Simplexverfahren in seinem Ablauf noch einmal dargestellt.

5 Entwurf eines Programms zur dualen Simplexmethode

5.1 Dateneingabe

Das duale Simplexverfahren zur Lösung von Minimierungsproblemen in der Normalform unterscheidet sich bei der Matrixkonstruktion in zwei Punkten von der primalen Methode:

1. Bei Minimierungsaufgaben treten überwiegend Ungleichungen vom Typ $\geqq$ auf. Diese werden durch Multiplikation mit -1 in Ungleichungen vom Typ $\leqq$ umgewandelt. Dadurch treten auf der rechten Seite der Matrix Koeffizienten kleiner als Null auf.

2. Die Zielfunktion wird nicht mit geändertem Vorzeichen notiert. Zusätzlich darf die Zielfunktion keine Koeffizienten kleiner als Null enthalten.

Um das Programm komfortabel zu gestalten, soll durch den Rechner abgefragt werden, von welcher Art die jeweilige Ungleichung ist. Ist die Restriktion nicht vom Typ $\leqq$, muß sie durch das Programm in eine solche umgewandelt werden.

Programm 1 ist durch Ergänzungen zusätzlich für die Eingabe von Minimierungsaufgaben einzurichten. Der Rechner kann durch Prüfung von Flag 00 feststellen, ob es sich um ein Maximierungs- oder ein Minimierungsproblem handelt. Da Flag 00 bei Maximierungsaufgaben gesetzt wird, muß sichergestellt werden, daß Flag 00 bei Minimierungsaufgaben gelöscht ist. Die Unterscheidung kann durch zwei verschiedene Programmaufrufe erfolgen.

5.2 Lösungsprogramm

Das Lösungsprogramm unterscheidet sich gegenüber der primalen Methode in der Hauptsache dadurch, daß die Reihenfolge der Wahl von Pivotzeile und Pivotspalte geändert ist. Hinzu kommt, daß das Pivotelement bei der dualen Methode kleiner als Null sein muß. Wenn jedoch bei der Festlegung der Pivotspalte alle Elemente der Pivotzeile in ihrem Vorzeichen geändert werden, das heißt, es wird der kleinste Quotient $\geqq 0$ aus der Division der Elemente der Zielfunktion und der Pivotzeile nach der Regel $q_k = \min\limits_{a_{rj} < 0} \frac{c_j}{-a_{rj}}$ ausgewählt. Im übrigen ändert sich das Lösungsverfahren nicht.

Da bei der dualen Methode die Summe der Zielfunktion ein negatives Vorzeichen erhält, für die Lösung aber nur der Absolutwert von Interesse ist, muß bei der Ergebnisanzeige das Vorzeichen in der Summe der Zielfunktion geändert sein.

5.3 Programmbeschreibungen

5.3.1 Programm 4 "NFA/NFI"

Mit Programm 4 können dem Rechner Maximierungsaufgaben (XEQ NFA) und Minimierungsaufgaben (XEQ NFI) zur Lösung eingegeben werden. Durch eine Ja/Nein-Abfrage, die mit dem Alpha-Eingabe-Flag 23 arbeitet, können dem Computer bei Minimierungsproblemen unterschiedliche Restriktionen eingegeben werden. $\geqq$- Restriktionen werden nach Eingabe der jeweiligen Zeile in $\leqq$-Restriktionen umgewandelt. Das Programm hat eine Länge von 32 Registern. Es macht Programm 1 für den Einsatz überflüssig.

5.3.2 Programm 5 "NI"

Durch Programm 5 werden Minimierungsaufgaben der Normalform gelöst. Es wird wie Programm 2 eingesetzt. Vor Aufzeichnung des Programms auf eine Magnetkarte sollte auch hier Flag 11 gesetzt werden, um beim späteren Einsatz einen automatischen Programmstart zu ermöglichen. Wie die Programme 2 und 4 hat es ebenfalls eine Länge von 32 Registern. Die Arbeit mit den Programmen 4 und 5 wird in T a b e l l e 7 dargestellt.

Tabelle 7 Einsatz der Programme 4 und 5

A. Allgemein	Eingabe	Funktion	Anzeige
1. Programmspeicher von 32 Registern einrichten			
2. USER-Modus einschalten			
3. Programm 4 "NFA/NFI" einlesen			
4. Programmaufruf		XEQ"NFI"	VAR?
5. Anzahl der Variablen und der	n	R/S	RESTR?
Restriktionen eingeben	m	R/S [1)]	a1,1=?
6. Ungleichungen und deren Typ	a_{11}	R/S	a1,n=?
sowie die Zielfunktion zei-	a_{1n}	R/S	<=?
lenweise eingeben.	N oder J	R/S	b1=?
Die Frage "<=?" ist mit	b_1	R/S	am,1=?
"Ja" = R/S oder	a_{m1}	R/S	am,n=?
"Nein" = N R/S	a_{mn}	R/S	<=?
zu beantworten.	N oder J	R/S	bm=?
	b_m	R/S	c1=?
	c_1	R/S	cn=?
	c_n	R/S	CARD
7. Programm 4 mit Lösungsprogramm 5 "NI" überschreiben[2)]			
8. Anzeige der Minima nach jeder Iteration[3)]			0,0000
9. Ergebnisanzeige			⋮
X = Strukturvariable			Xj=
S = Schlupfvariable		R/S	Si=
Z = Summe der Zielfunktion		R/S	Z=

1) Erscheint NONEXISTENT in der Anzeige, ist das gewählte Speicherformat zu klein. Die im x-Register stehende Zahl ist um 1 zu vermehren und als neues SIZE-Format zu wählen.

2) Das Lösungsprogramm startet automatisch, wenn vor der Übertragung des Programms auf die Magnetkarte Flag 11 gesetzt worden ist.

3) Erscheint innerhalb des Lösungsvorganges DATA ERROR in der Anzeige, ist die Aufgabe nicht lösbar.

Tabelle 7 (Fortsetzung)

B. Beispiel

x_1	x_2		b_i
3	-4	$\geqq$	12
-1	4	$\leqq$	20
3	4	$\geqq$	36
17	12	=	Z_{min}

Tastenfolge		Anzeige
Programm 4 einlesen		
XEQ"NFI"		VAR?
2	R/S	RESTR?
3	R/S	a1,1=?
3	R/S	a1,2=?
-4	R/S	<=?
N	R/S	b1=?
12	R/S	a2,1=?
-1	R/S	a2,2=?
4	R/S	<=?
	R/S	b2=?
20	R/S	a3,1=?
3	R/S	a3,2=?
4	R/S	<=?
N	R/S	b3=?
36	R/S	c1=?
17	R/S	c2=?
12	R/S	CARD
Programm 5 einlesen		
		0,0000
		-108,0000
		-172,0000
		X2=3,0000
	R/S	S2=16,0000
	R/S	X1=8,0000
	R/S	Z= 172,0000

Bei Maximierungsaufgaben lautet der Programmaufruf XEQ "NFA". Sie dürfen keine $\geqq$-Restriktionen enthalten.

5.3.3 Programm 6 "DU"

Um auch duale Lösungen aus dem Rechner abrufen zu können, ist Programm 6 "DU" eingerichtet worden. Mit diesem Programm besteht zusätzlich die Möglichkeit, noch umfangreichere Aufgaben zu berechnen. Für eine primale Aufgabe mit 10 Variablen und 13 Restriktionen wäre ein Speicherplatz von 360 Registern erforderlich. Wird jedoch die duale Aufgabe in den Rechner eingegeben, reicht die Speicherkapazität des HP-41 wieder aus. Durch Einsatz von Programm "DU" kann am Ende des Lösungsvorganges die gewünschte duale Lösung der dualen Aufgabe - also die primale Lösung - abgerufen werden. Es werden jedoch nur die Strukturvariablen angezeigt. Programm 6 hat eine Länge von 8 Registern.

5.3.4 Programm 7 "MA/MI"

Da möglicherweise für viele Anwender die zu lösenden Aufgaben relativ klein sind, und somit die Speicherkapazität kein Engpaß darstellt, wurden mit Programm 7 die Programme 2, 4 und 5 zu einem einzigen zusammengefügt. Das Hauptunterscheidungsmerkmal für Maximierungs- und Minimierungsaufgaben, die Suche nach dem Pivotelement, wurde durch die Einrichtung von je einem Unterprogramm gelöst. Bei Maximierungsaufgaben wird das Unterprogramm LBL 08, bei Minimierungsaufgaben das Unterprogramm LBL 09 aufgerufen.

Die Bedienung unterscheidet sich von den bisherigen Programmen dadurch, daß Maximierungsprobleme nach dem Aufruf XEQ "MA", Minimierungsprobleme nach dem Aufruf XEQ "MI" dem Rechner eingegeben werden müssen. Alle anderen Schritte werden durch das Programm vorgenommen. Programm 7 hat eine Länge von 71 Registern und kann Aufgaben mit 12 Variablen und 9 Restriktionen lösen. Die Programme "AZ" und "DU" können auch hierbei eingesetzt werden.

5.4 Anweisungslisten 4 bis 7

PROGRAMM 4

```
01♦LBL "NFA"
02 SF 00
03 GTO 00
04♦LBL "NFI"
05 CF 00
06♦LBL 00
07 CLRG
08 CF 29
09 FIX 0
10 RAD
11 1,001
12 STO 05
13 11,01
14 STO 07
15 "VAR?"
16 PROMPT
17 STO 00
18 "RESTR?"
19 PROMPT
20 STO 01
21 3
22 10↑X
23 /
24 1
25 +
26 STO 08
27 LASTX
28 RCL 00
29 RCL 01
30 +
31 STO 02
32 +
33 STO 03
34 RCL 01
35 1
36 +
37 *
38 10
39 +
40 STO 04
41 RCL 01
42 +
43 STO IND X
44 RCL 02
45♦LBL 01
46 STO IND Y
47 DSE Y
48 DSE X
49 DSE L
50 GTO 01
51♦LBL 02
52 XEQ 05
53 "<=?"
54 AON
55 PROMPT
56 AOFF
57 ASTO X
58 "N"
59 ASTO Y
60 X≠Y?
61 CF 23
62 RCL 07
63 RCL 08
64 +
65 1
66 ST- Y
67 FS? 23
68 CHS
69 STO IND Y
70 RCL 01
71 RCL 05
72 *
73 ST+ 07
74 "b"
75 ARCL 08
76 "⊢=?"
77 PROMPT
78 STO IND 07
79 LASTX
80 ST+ 07
81 FC?C 23
82 GTO 04
83 RCL 03
84 ST- 07
85 -1
86♦LBL 03
87 ST* IND 07
88 ISG 07
89 GTO 03
90♦LBL 04
91 ISG 08
92 GTO 02
93 DEG
94 XEQ 05
95 "CARD"
96 PROMPT
97♦LBL 05
98 RCL 00
99 RCL 05
100 FRC
101 *
102 ST+ 07
103 1
104♦LBL 06
105 "c"
106 FC? 43
107 GTO 07
108 "a"
109 ARCL 08
110 "⊢,"
111♦LBL 07
112 ARCL X
113 "⊢=?"
114 PROMPT
115 FC? 00
116 GTO 08
117 FC? 43
118 CHS
119♦LBL 08
120 STO IND 07
121 CLX
122 1
123 +
124 ISG 07
125 GTO 06
126 .END.
```

```
                  CAT 1
LBL'NFA
LBL'NFI
.END.        224 BYTES
```

PROGRAMM 5

```
01♦LBL "NI"
02 CLX
03 FS? 00
04 /
05 SF 29
06 FIX 4
07♦LBL 00
08 VIEW IND 04
09 RCL 04
10 STO 08
11 RCL 01
12 STO 07
13♦LBL 01
14 RCL 03
15 ST- 08
16 RCL IND 08
17 RCL 06
18 X<=Y?
19 GTO 02
20 RDN
21 STO 06
22 RCL 07
23 STO 10
24♦LBL 02
25 DSE 07
26 GTO 01
27 RCL 04
28 STO 08
29 RCL 02
30 X<> 06
31 X=0?
```

Fortsetzung

```
32 GTO 09 ——>
33 1 E9
34 STO 09
35 10
36 RCL 03
37 RCL 10
38 *
39 +
40♦LBL 03
41 DSE 08
42 DSE X
43 RCL 09
44 RCL IND 08
45 RCL IND Z
46 CHS
47 X<=0?
48 GTO 04
49 /
50 X>Y?
51 GTO 04
52 STO 09
53 RCL 06
54 STO 07
55♦LBL 04
56 R↑
57 DSE 06
58 GTO 03
59 RCL 07
60 /
61 RCL 10
62 RCL 04
63 +
64 RCL 07
65 STO IND Y
66 1
67 ST- 07
68 RCL 01
69 +
70 STO 06
71 10
72 RCL 03
73 RCL 10
74 *
75 +
76 RCL 05
77 *
78 RCL 02
79 -
80 STO 08
81 STO 09
82 RCL 07
83 +
84 RCL IND X
85♦LBL 05
86 ST/ IND 08
87 ISG 08
88 GTO 05
89♦LBL 06
90 RCL 10
91 RCL 06
92 X=Y?
93 GTO 08
94 RCL 03
95 *
96 10
97 +
98 RCL 05
99 *
100 RCL 02
101 -
102 STO 08
103 RCL 07
104 +
105 RCL IND X
106 X=0?
107 GTO 08
108 +
109 RCL 09
110♦LBL 07
111 RCL IND X
112 LASTX
113 *
114 ST- IND 08
115 ISG Y
116 RDN
117 ISG 08
118 GTO 07
119♦LBL 08
120 DSE 06
121 GTO 06
122 GTO 00
-----------------
123♦LBL 09
124 RCL 03
125 ST- 08
126 RCL 04
127 RCL 01
128 +
129 RCL 00
130 RCL IND Y
131 "X"
132 X<=Y?
133 GTO 10
134 X<>Y
135 -
136 "S"
137♦LBL 10
138 CF 29
139 FIX 0
140 ARCL X
141 "⊦="
142 SF 29
143 FIX 4
144 ARCL IND 08
145 AVIEW
146 FC? 55
147 STOP
148 DSE 01
149 GTO 09
150 ADV
151 RCL IND 04
152 CHS
153 "Z="
154 ARCL X
155 AVIEW
156 .END.

                    CAT 1
LBL'NI
.END.        224 BYTES
```

PROGRAMM 6

```
01♦LBL "DU"
02 ADV
03 RCL 04
04 RCL 01
05♦LBL 00
06 DSE Y
07 "X"
08 CF 29
09 FIX 0
10 ARCL X
11 "⊦="
12 FIX 4
13 SF 29
14 ARCL IND Y
15 AVIEW
16 FC? 55
17 STOP
18 DSE X
19 GTO 00
20 ADV
21 RCL IND 04
22 ABS
23 "Z="
24 ARCL X
25 AVIEW
26 .END.

                    CAT 1
LBL'DU
.END.        56 BYTES
```

Fortsetzung

```
PROGRAMM 7

01♦LBL "MA"
02 SF 00
03 GTO 00
04♦LBL "MI"
05 CF 00
06♦LBL 00
07 CLRG
08 CF 29
09 FIX 0
10 RAD
11 1,001
12 STO 05
13 11,01
14 STO 07
15 "VAR?"
16 PROMPT
17 STO 00
18 "RESTR?"
19 PROMPT
20 STO 01
21 3
22 10↑X
23 /
24 1
25 +
26 STO 08
27 1
28 RCL 00
29 RCL 01
30 +
31 STO 02
32 +
33 STO 03
34 RCL 01
35 1
36 +
37 *
38 10
39 +
40 STO 04
41 RCL 01
42 +
43 STO IND X
44 RCL 02
45♦LBL 01
46 STO IND Y
47 DSE Y
48 DSE X
49 DSE L
50 GTO 01
------------
51♦LBL 02
52 XEQ 15
53 "<=?"
54 AON
55 PROMPT
56 AOFF
57 ASTO X
58 "N"
59 ASTO Y
60 X≠Y?
61 CF 23
62 RCL 07
63 RCL 08
64 +
65 1
66 ST- Y
67 FS? 23
68 CHS
69 STO IND Y
70 RCL 01
71 RCL 05
72 *
73 ST+ 07
74 "b"
75 ARCL 08
76 "⊢=?"
77 PROMPT
78 STO IND 07
79 LASTX
80 ST+ 07
81 FC?C 23
82 GTO 00
83 RCL 03
84 ST- 07
85 -1
86♦LBL 03
87 ST* IND 07
88 ISG 07
89 GTO 03
90♦LBL 00
91 ISG 08
92 GTO 02
93 DEG
94 XEQ 15
95 SF 29
96 FIX 4
------------
97♦LBL 04
98 VIEW IND 04
99 RCL 04
100 STO 08
101 RCL 01
102 STO 07
103 RCL 02
104 STO 10
105 1 E9
106 STO 09
107 8          max
108 FC? 00
109 9          min
110 XEQ IND X  ──→
111 /
112 RCL 10
113 RCL 04
114 +
115 RCL 07
116 STO IND Y
117 1
118 ST- 07
119 RCL 01
120 +
121 STO 06
122 10
123 RCL 03
124 RCL 10
125 *
126 +
127 RCL 05
128 *
129 RCL 02
130 -
131 STO 08
132 STO 09
133 RCL 07
134 +
135 1
136 RCL IND Y
137 X=Y?
138 GTO 06
139♦LBL 05
140 ST/ IND 08
141 ISG 08
142 GTO 05
143♦LBL 06
144 RCL 10
145 RCL 06
146 X=Y?
147 GTO 00
148 RCL 03
149 *
150 10
151 +
152 RCL 05
153 *
154 RCL 02
155 -
156 STO 06
157 RCL 07
158 +
159 RCL IND X
160 X=0?
161 GTO 00
162 +
163 RCL 09
164♦LBL 07
165 RCL IND X
166 LASTX
167 *
168 ST- IND 08
```

Fortsetzung

```
169 ISG Y
170 RDN
171 ISG 08
172 GTO 07
173•LBL 00
174 DSE 06
175 GTO 06
176 GTO 04
177•LBL 08
178 DSE 08
179 RCL IND 08
180 RCL 06
181 X<=Y?
182 GTO 00
183 RDN
184 STO 06
185 RCL 10
186 STO 07
187•LBL 00
188 DSE 10
189 GTO 08
190 RCL 04
191 STO 08
192 RCL 01
193 X<> 06
194 X=0?
195 GTO 13
196•LBL 11
197 RCL 03
198 ST- 08
199 RCL 07
200 -
201 RCL 08
202 -
203 RCL 09
204 RCL IND 08
205 RCL IND Z
206 X<=0?
207 GTO 00
208 /
209 X>Y?
210 GTO 00
211 STO 09
212 RCL 06
213 STO 10
214•LBL 00
215 DSE 06
216 GTO 11
217 RCL 10
218 RTN
219•LBL 09
220 RCL 03
221 ST- 08
222 RCL IND 08
223 RCL 06
224 X<=Y?
225 GTO 00
226 RDN
227 STO 06
228 RCL 07
229 STO 10
230•LBL 00
231 DSE 07
232 GTO 09
233 RCL 04
234 STO 08
235 RCL 02
236 X<> 06
237 X=0?
238 GTO 13
239 10
240 RCL 03
241 RCL 10
242 *
243 +
244•LBL 12
245 DSE 08
246 DSE X
247 RCL 09
248 RCL IND 08
249 RCL IND Z
250 CHS
251 X<=0?
252 GTO 00
253 /
254 X>Y?
255 GTO 00
256 STO 09
257 RCL 06
258 STO 07
259•LBL 00
260 R↑
261 DSE 06
262 GTO 12
263 RCL 07
264 RTN
265•LBL 13
266 RCL 03
267 ST- 08
268 RCL 04
269 RCL 01
270 +
271 RCL 00
272 RCL IND Y
273 "X"
274 X<=Y?
275 GTO 00
276 X<>Y
277 -
278 "S"
279•LBL 00
280 CF 29
281 FIX 0
282 ARCL X
283 "⊢="
284 SF 29
285 FIX 4
286 ARCL IND 08
287 AVIEW
288 FC? 55
289 STOP
290 DSE 01
291 GTO 13
292 ADV
293 RCL IND 04
294 ABS
295 "Z="
296 ARCL X
297 AVIEW
298 STOP
299•LBL 15
300 RCL 00
301 RCL 05
302 FRC
303 *
304 ST+ 07
305 1
306•LBL 14
307 "c"
308 FC? 43
309 GTO 00
310 "a"
311 ARCL 08
312 "⊢,"
313•LBL 00
314 ARCL X
315 "⊢=?"
316 PROMPT
317 FC? 00
318 GTO 00
319 FC? 43
320 CHS
321•LBL 00
322 STO IND 07
323 CLX
324 1
325 +
326 ISG 07
327 GTO 14
328 .END.
```

```
                 CAT 1
LBL'MA
LBL'MI
.END.       497 BYTES
```

5.5 Aufgaben

4.

x_1	x_2	x_3	x_4	$\geqq$	b_i
3	1	5	0		23
1	0	2	3		14
2	1	0	3		9
7	3	8	9		z_{min}

5.

x_1	x_2	x_3	x_4	x_5	x_6	x_7	$\geqq$	b_i
2	0	3	0	0	2	0		10
0	4	0	0	3	1	0		4
0	1	5	0	4	0	5		2
3	0	0	2	0	3	0		5
0	0	2	4	0	0	3		3
3	1	2	3	1	2	5		z_{min}

6.

x_1	x_2	x_3	x_4	x_5	x_6		b_i
0	1	3	-4	0	1	$\geqq$	20
1	2	1	1	-4	3	$\geqq$	30
2	-1	0	0	4	1	$\leqq$	40
6	-1	0	0	4	1	$\leqq$	50
7	8	9	4	5	6	=	z_{min}

7. Ermitteln Sie zu den Aufgaben 1 bis 6 die dualen Lösungen!

6 Das Simplexverfahren ohne Einheitsmatrix

Ein wesentliches Problem bei der Lösung von Aufgaben der linearen Optimierung in Rechenanlagen ist der rasch zunehmende Bedarf an Speicherkapazität zur Aufnahme der Matrix. Es sind eine Reihe von Verfahren entwickelt worden, die die im Rechner gespeicherte Matrix möglichst klein und die Zahl der Rechenoperationen gering halten sollen.

Dabei ist zwischen Verfahren zu unterscheiden, bei denen das Tableau vollständig im Rechenspeicher untergebracht wird und solchen, bei denen der größere Teil der Matrix außerhalb des Rechenspeichers bereitgehalten und bei jeder Iteration auf dessen Inhalt zurückgegriffen werden muß. Letzteres Verfahren, die revidierte Simplexmethode, beweist seine Leistungsstärke aber erst bei Problemstellungen, deren Umfang den heutigen Taschencomputern (noch) nicht zugemutet werden kann. Insgesamt erweisen sich die Verfahren, bei denen die ganze Matrix in den Rechenspeicher aufgenommen werden muß, als überlegen.

Ein Verfahren macht sich die Erkenntnis zunutze, daß die Einheitsvektoren, die nur aus einer 1 und m - 1 Nullen bestehen, sich während des gesamten Lösungsvorganges nicht verändern, sondern ausschließlich ihren Platz mit den anderen Vektoren tauschen. Es gibt die Möglichkeit, bei der Lösung der Aufgabe auf die Matrix der Einheitsvektoren zu verzichten. Der Verzicht auf die Aufstellung der Einheitsmatrix erfordert jedoch eine Änderung des Simplexalgorithmus. Diese Änderungen beziehen sich jedoch ausschließlich auf die Basistransformation, wobei Pivotelement und Pivotspalte einer besonderen Berechnung bedürfen.

6.1 Lösungsalgorithmus

Das Simplexverfahren ohne Einheitsmatrix schreibt bei der Umrechnung der Matrix folgende Schritte vor:

1. Das Pivotelement wird durch seinen Reziprokwert ersetzt.

   $$a_{rk}' = \frac{1}{a_{rk}}$$

2. Alle anderen in der Pivotzeile stehenden Elemente werden durch das Pivotlement dividiert.

   $$a_{rj}' = \frac{a_{rj}}{a_{rk}}$$

3. Bei den in der Pivotspalte stehenden Elementen muß durch das mit negativem Vorzeichen versehene Pivotelement dividiert werden.

   $$a_{ik}' = \frac{a_{ik}}{-a_{rk}}$$

4. Die anderen nicht in der Pivotzeile und der Pivotspalte stehende Elemente der Matrix werden nach der bereits bekannten Formel

   $a_{ij}' = a_{ij} - a_{rj}' \cdot a_{ik}$ umgerechnet.

6.2 Numerisches Beispiel

Um den Variablentausch für dieses Lösungsverfahren kenntlich zu machen, müssen die Indexziffern etwas anders notiert werden. Für die Nichtbasisvariablen $x_1 \dots x_n$ werden die Indizes 1 ... n über der Matrix, für die Basisvariablen $s_1 \dots s_m$ die Indizes n+1 ... n+m links neben der Matrix der Nebenbedingungen notiert. Die Quotienten q_i werden neben der rechten Spalte aufgeschrieben.

	1 ... n		
n+1	$a_{11} \dots a_{1n}$	b_1	q_i
⋮	⋮ ⋮	⋮	
n+m	$a_{m1} \dots a_{mn}$	b_m	
	$c_1 \dots c_n$	Z_{max}	

Bei den nachfolgenden Iterationen werden mit den jeweiligen Variablen die entsprechenden Indizes gegeneinander ausgewechselt.

Am Beispiel der bereits bekannten Aufgabe

	x_1	x_2	x_3	x_4	$\leqq$	b_i
s_1	1	2	1	0		5
s_2	1	2	1	1		6
s_3	2	1	1	1		4
	28	44	18	10		z_{max}

wird in T a b e l l e 8 der Lösungsprozeß dargestellt. An Hand der Indexziffern läßt sich nicht nur die primale Lösung

Tabelle 8 Numerische Lösung einer Maximierungsaufgabe ohne Einheitsmatrix

		1	2	3	4		
	5	1	2	1	0	5	2,5
1.	6	1	2	1	1	6	3
	7	2	1	1	1	4	4
		-28	-44	-18	-10	0	
		1	5	3	4		
	2	0,5	0,5	0,5	0	2,5	-
2.	6	0	-1	0	1	1	1
	7	1,5	-0,5	0,5	1	1,5	1,5
		-6	22	4	-10	110	
		1	5	3	6		
	2	0,5	0,5	0,5	0	2,5	5
3.	4	0	-1	0	1	1	-
	7	1,5	0,5	0,5	-1	0,5	0,33
		-6	12	4	10	120	
		7	5	3	6		
	2	-0,33	0,33	0,33	0,33	2,33	
4.	4	0	-1	0	1	1	
	1	0,67	0,33	0,33	-0,67	0,33	
		4	14	6	6	122	

erkennen, auch die duale Lösung ist an den ihr gegenüberliegenden Ziffern zu interpretieren. Bei der dualen Lösung sind die Strukturvariablen an den Indexziffern > n auszumachen, während die Schlupfvariablen an den Indizes $\leqq$ n zu erkennen sind.

6.3 Programmentwurf

Bei der Entwicklung eines Programms zur Lösung von Optimierungsaufgaben nach dem Simplexverfahren ohne die Matrix der Einheitsvektoren, können wir auf die Erfahrungen aus den ersten Programmen zurückgreifen.

6.3.1 Dateneingabe

Die Größe der Matrix berechnet sich jetzt nach der Formel (n + 1)•(m + 1). Die Zahl der ständig gleich belegten Register verringert sich auf fünf. Leider kann die Zahl der Register für die Programmsteuerung nicht verringert werden, weil das Pivotelement bei diesem Verfahren in einem Zwischenspeicher gesichert werden muß. Die Zahl der Indexziffern, die wieder im Anschluß an die Matrix gespeichert werden, beträgt n + m. Zur Lösung einer Aufgabe errechnet sich der Speicherbedarf nach der Formel 11 + (n + 1)•(m + 1) + n + m. Die Steuerungszahlen für die in Tabelle 8 dargestellte Aufgabe, sind in folgende Register gelegt worden:

R00= 4 n
R01= 3 m
R02= 5 n + 1
R03=30 Σ Zielfunktion (ind.)
R04= 1,001
R05= 0
R06=11,01
R07= 1,003
R08= 0
R09= 0
R10= 0

Die Speicher R05 bis R10 unterliegen als Zwischenspeicher ständigen Änderungen.

Für die Matrix werden 20 Register beansprucht, während die Indexziffern 7 Register erfordern.

	x_1	x_2	x_3	x_4	b_i	
s_1	R11= 1	R12= 2	R13= 1	R14= 4	R15= 5	
s_2	R16= 1	R17= 2	R18= 1	R19= 1	R20= 6	
s_3	R21= 2	R22= 1	R23= 1	R24= 1	R25= 4	
	R26=-28	R27=-44	R28=-18	R29=-10	R30= 0	
	R31=1	R32=2	R33=3	R34=4	R35=5	R36=6 R37=7

Da nur Aufgaben mit einheitlichen $\leq$-Restriktionen berechnet werden dürfen, wird die Dateneingabe wie in Programm 1 gestaltet.

6.3.2 Lösungsverfahren und Ergebnisanzeige

Beim Lösungsverfahren kann bei der Wahl der Privotspalte und der Pivotzeile auf Programm 2 zurückgegriffen werden. Dabei muß man jedoch berücksichtigen, daß nur die ersten beiden Steuerregister gleich geblieben sind. Alle anderen Registerinhalte sind einen Platz vorgerückt.

Gegenüber dem bisherigen Verfahren gestaltet sich die Programmierung des Variablentausches recht aufwendig, da es nicht mehr genügt, die in die Basis eingeführte Variable kenntlich zu machen, die Indexziffern müssen gegeneinander ausgetauscht werden. Als noch umfangreicher erweisen sich die Änderungen für die Basistransformation. Die durch das Verfahren vorgegebenen Rechenregeln lassen sich direkt nur schwer für den Rechner programmieren. Da sich die Änderungen ausschließlich auf Pivotelement und Pivotspalte beziehen, ist hier das Verfahren folgendermaßen abgeändert worden:

1. Das Pivotelement wird mit negativem Vorzeichen zwischengespeichert und in der Matrix durch Null ersetzt.

2. Die Pivotzeile wird durch das Pivotelement dividiert.

3. Alle übrigen Zeilen werden nach der bekannten Rechtecksregel umgerechnet. Da das Pivotelement durch Null ersetzt worden ist, ändert sich die Pivotspalte bei dieser Umrechnung nicht.

4. An die Stelle des Pivotelements wird -1 in die Matrix eingesetzt.

5. Die Pivotspalte wird durch das ursprüngliche mit negativem Vorzeichen versehene Pivotelement dividiert.

Damit ist die Umrechnung des Tableaus abgeschlossen. Das Verfahren kann danach bis zur optimalen Lösung fortgesetzt werden.

Da mit der Lösung der primalen Maximierungsaufgabe zugleich auch die duale Minimumlösung vorliegt, bietet sich bei der Programmierung der Ergebnisanzeige gleichzeitig die Möglichkeit, die duale Lösung mit anzuzeigen. Ist für den Benutzer nur die duale Lösung von Interesse, kann die unmittelbare Anzeige der dualen Minimumlösung eingerichtet werden. Diese Unscheidung kann wiederum durch das Setzen oder Löschen von Flag 00 beeinflußt werden. Die Aufgaben müssen immer als primale oder als duale Maximierungsaufgabe dem Rechner eingegeben werden.

6.4 Programmbeschreibungen

6.4.1 Programm 8 "LOA/LOI"

Programm 8 löst Aufgaben der Maximum-Optimierung in der Normalform. Nach dem Programmaufruf XEQ"LOA" zeigt der Rechner die Lösung der primalen Maximierungsaufgabe an. Durch den Aufruf XEQ"LOI" kann unmittelbar die Lösung der dualen Minimierungsaufgabe angefordert werden. Die dem Rechner einzugebenden Aufgaben sind immer als Maximierungsproblem zu formulieren. Als Verbesserung gegenüber den bisherigen Programmen kann die Lösung der primalen Maximierungsaufgabe mit XEQ A und die Lösung der dualen Minimierungsaufgabe mit XEQ E beliebig oft abgerufen werden.

Programm "LOA/LOI" hat eine Länge von 64 Registern und paßt somit auf zwei Magnetkarten. Mit diesem Programm können Aufgaben mit 13 Variablen und 14 Restriktionen dem Rechner eingegeben werden. In T a b e l l e 9 wird der Einsatz von Programm 8 noch einmal beschrieben.

Tabelle 9 Einsatz des Programms 8

	Eingabe	Funktion
1. Programmspeicher von 64 Registern einrichten		
2. USER-Modus einschalten		
3. Programm 8 "LOA/LOI" einlesen		
4. Programmaufrufe		
a) Maximierungsaufgaben		XEQ"LOA"
b) Minimierungsaufgaben		XEQ"LOI"
5. Eingabe der primalen oder dualen Maximierungsaufgabe (siehe Tabelle 4)		
a) Anzahl der Variablen	n	R/S
b) Anzahl der Restriktionen	m	R/S
c) Restriktionen und Zielfunktion zeilenweise eingeben (siehe Tabelle 3)		
6. Nach jeder Iteration Anzeige des jeweiligen Maximums und Ergebnisanzeige		
7. Wiederholung der Lösungsanzeige		
a) Primale Lösung		XEQ A
b) Duale Lösung		XEQ E

Für einige Anwender kann es von Interesse sein, dieses Programm für den dualen Simplexalgorithmus einzurichten oder mit beiden Lösungsverfahren auszustatten.

6.4.2 Programm 9 "MX"

Um auch bei diesem Verfahren die Anzeige der Matrix zu ermöglichen, ist Programm "MX" entstanden. Es wird wie Programm 3 "AZ" eingesetzt. Es hat ebenfalls eine Länge von 8 Registern.

6.5 Anweisungslisten 8 und 9

PROGRAMM 8

```
01♦LBL "LOA"
02 SF 00
03 GTO 00
04♦LBL "LOI"
05 CF 00
06♦LBL 00
07 CLRG
08 CF 29
09 FIX 0
10 RAD
11 1,001
12 STO 04
13 11,01
14 STO 07
15 "VAR?"
16 PROMPT
17 STO 00
18 1
19 +
20 STO 02
21 "RESTR?"
22 PROMPT
23 STO 01
24 3
25 10↑X
26 /
27 1
28 +
29 STO 08
30 RCL 01
31 1
32 +
33 RCL 02
34 *
35 10
36 +
37 STO 03
38 RCL 00
39 RCL 01
40 +
41 +
42 STO IND X
43 LASTX
44♦LBL 01
45 STO IND Y
46 DSE Y
47 DSE X
48 GTO 01
49♦LBL 02
50 XEQ 12
51 "b"
52 ARCL 08
53 "⊦=?"
54 PROMPT
55 STO IND 07
56 RCL 04
57 ST+ 07
58 ISG 08
59 GTO 02
60 DEG
61 XEQ 12
62 SF 29
63 FIX 4
64♦LBL 03
65 VIEW IND 03
66 RCL 03
67 STO 07
68 RCL 00
69 STO 09
70♦LBL 04
71 DSE 07
72 RCL 05
73 RCL IND 07
74 X>Y?
75 GTO 00
76 RND
77 STO 05
78 RCL 09
79 STO 06
80♦LBL 00
81 DSE 09
82 GTO 04
83 RCL 05
84 X=0?
85 GTO 10 ——→
86 1 E9
87 STO 08
88 RCL 01
89 STO 10
90 RCL 03
91 STO 07
92 RCL 06
93 +
94 RCL 02
95 -
96 STO 05
97♦LBL 05
98 RCL 02
99 ST- 05
100 ST- 07
101 RCL 08
102 RCL IND 07
103 RCL IND 05
104 X<=0?
105 GTO 00
106 /
107 X>Y?
108 GTO 00
109 STO 08
110 RCL 10
111 STO 09
112♦LBL 00
113 DSE 10
114 GTO 05
115 RCL 09
116 /
117 RCL 00
118 LASTX
119 +
120 RCL 03
121 +
122 RCL 06
123 LASTX
124 +
125 RCL IND X
126 X<> IND Z
127 STO IND Y
128 1
129 ST- 06
130 RCL 01
131 +
132 STO 05
133 10
134 RCL 02
135 RCL 09
136 *
137 +
138 RCL 04
139 *
140 RCL 00
141 -
142 STO 07
143 STO 08
144 RCL 06
145 +
146 1
147 0
148 X<> IND Z
149 ST- 10
150 X=Y?
151 GTO 07
152♦LBL 06
153 ST/ IND 07
154 ISG 07
155 GTO 06
156♦LBL 07
157 RCL 09
158 RCL 05
159 X=Y?
160 GTO 00
161 RCL 02
162 *
163 10
164 +
165 RCL 04
```

Fortsetzung

```
166 *
167 RCL 00
168 -
169 STO 07
170 RCL 06
171 +
172 RCL IND X
173 X=0?
174 GTO 00
175 +
176 RCL 08
177♦LBL 08
178 RCL IND X
179 LASTX
180 *
181 ST- IND 07
182 ISG Y
183 RDN
184 ISG 07
185 GTO 08
186♦LBL 00
187 DSE 05
188 GTO 07
189 RCL 08
190 RCL 06
191 +
192 1
193 ST- IND Y
194 RCL 01
195 +
196 11
197 RCL 06
198 +
199♦LBL 09
200 RCL 10
201 ST/ IND Y
202 CLX
203 RCL 02
204 +
205 DSE Y
206 GTO 09
207 GTO 03
208♦LBL 10
209 FC? 00
210 GTO E
211♦LBL A
212 SF 00
213 RCL 03
214 STO 07
215 RCL 00
216 RCL 01
217 STO 05
218 +
219 +
220 STO 09
221 GTO 11
222♦LBL E
223 CF 00
224 RCL 03
225 STO 07
226 RCL 00
227 STO 05
228 +
229 STO 09
230♦LBL 11
231 RCL 02
232 FC? 00
233 SIGN
234 ST- 07
235 "S"
236 FS? 00
237 "X"
238 RCL 00
239 RCL IND 09
240 X<=Y?
241 GTO 00
242 "S"
243 FC? 00
244 "X"
245 X<>Y
246 -
247♦LBL 00
248 CF 29
249 FIX 0
250 ARCL X
251 "⊢="
252 SF 29
253 FIX 4
254 ARCL IND 07
255 AVIEW
256 FC? 55
257 STOP
258 DSE 09
259 DSE 05
260 GTO 11
261 ADV
262 "Z="
263 ARCL IND 03
264 AVIEW
265 STOP
266♦LBL 12
267 RCL 00
268 RCL 04
269 *
270 FRC
271 ST+ 07
272 1
273♦LBL 13
274 "c"
275 FC? 43
276 GTO 00
277 "a"
278 ARCL 08
279 "⊢,"
280♦LBL 00
281 ARCL X
282 "⊢=?"
283 PROMPT
284 FC? 43
285 CHS
286 STO IND 07
287 CLX
288 1
289 +
290 ISG 07
291 GTO 13
292 .END.
                    CAT 1
LBL'LOA
LBL'LOI
.END.        448 BYTES
```

PROGRAMM 9

```
01♦LBL "MX"
02 RCL 02
03 1 E3
04 /
05 1
06 +
07 STO 07
08 RCL 01
09 LASTX
10 +
11 STO 08
12 11
13 STO 09
14 RCL 02
15 +
16♦LBL 00
17 FIX 0
18 RCL 07
19 PRX
20 FIX 2
21 RCL 08
22 RCL 09
23♦LBL 01
24 VIEW IND X
25 LASTX
26 +
27 DSE Y
28 GTO 01
29 ISG 09
30 +
31 ISG 07
32 GTO 00
33 FIX 4
34 .END.
                    CAT 1
LBL'MX
.END.        56 BYTES
```

7 Sonderfälle der Normalform

7.1 Das Transportproblem

Eine Aufgabenstellung, die sich auch sehr gut mit dem Simplexalgorithmus lösen läßt, ist das sogenannte Transportproblem. Gleichzeitig lassen sich damit auch die Einsatzmöglichkeiten und die Arbeitsweise der bisher aufgestellten Programme demonstrieren.

Beispiel: Ein Bergbauunternehmen soll 4 Elektrizitätswerke $E_1 \ldots E_4$ mit Kohle beliefern. Für die Belieferung kommen 3 Bergwerke $B_1 \ldots B_3$ in Frage. Die E-Werke haben einen bestimmten Mindestbedarf an Kohle. Die Förderkapazität der Bergwerke ist in der Höhe beschränkt. Beim Transport von den Zechen zu den Kraftwerken entstehen bestimmte Transportkosten. Der Transport soll so eingerichtet werden, daß sich die Kosten auf ein Minimum beschränken.

	Transportkosten in GE je ME			Mindest-bedarf in ME
	B_1	B_2	B_3	
E_1	7	3	6	400
E_2	3	8	5	1.100
E_3	4	5	2	900
E_4	6	9	3	800
Förder-menge in ME	900	1.500	1.300	Min

Diese Aufgabe läßt sich als Tableau nicht direkt nach dem Simplexverfahren lösen. Das mathematische Modell für dieses Optimierungsproblem steht auf der Nebenseite. Das damit ausgewiesene Eingabetableau kann mit den Programmen 4/5 "NFI"/"NI" und Programm 7 "MI" direkt berechnet werden.

		B_1				B_2				B_3					
		x_1	x_2	x_3	x_4	x_5	x_6	x_7	x_8	x_9	x_{10}	x_{11}	x_{12}		b_i
	s_1	1	0	0	0	1	0	0	0	1	0	0	0	$\geqq$	400
Mindest-	s_2	0	1	0	0	0	1	0	0	0	1	0	0	$\geqq$	1.100
bedarf	s_3	0	0	1	0	0	0	1	0	0	0	1	0	$\geqq$	900
	s_4	0	0	0	1	0	0	0	1	0	0	0	1	$\geqq$	800
Höchste	s_5	1	1	1	1	0	0	0	0	0	0	0	0	$\leqq$	900
Förder-	s_6	0	0	0	0	1	1	1	1	0	0	0	0	$\leqq$	1.500
menge	s_7	0	0	0	0	0	0	0	0	1	1	1	1	$\leqq$	1.300
Transport-kosten		7	3	4	6	3	8	5	9	6	5	2	3		Z_{min}

Würde sich nun ein Transportunternehmen bemühen, die Versorgung der Kraftwerke zu übernehmen, wäre es bestrebt, einen möglichst hohen Gewinn zu erzielen. Aus diesem Grunde dürfen für das Unternehmen die Transportkosten nicht höher sein, als die Differenz zwischen den Einkaufspreisen und den Verkaufspreisen. Genau genommen haben das Transportunternehmen und die Bergwerksgesellschaft zueinander duale Optimierungsprobleme.

Wenn wir die Aufgabe mit einheitlichen $\geqq$-Restriktionen versehen

	x_1	x_2	x_3	x_4	x_5	x_6	x_7	x_8	x_9	x_{10}	x_{11}	x_{12}	$\geqq$ b_i
s_1	1	0	0	0	1	0	0	0	1	0	0	0	400
s_2	0	1	0	0	0	1	0	0	0	1	0	0	1.100
s_3	0	0	1	0	0	0	1	0	0	0	1	0	900
s_4	0	0	0	1	0	0	0	1	0	0	0	1	800
s_5	-1	-1	-1	-1	0	0	0	0	0	0	0	0	-900
s_6	0	0	0	0	-1	-1	-1	-1	0	0	0	0	-1.500
s_7	0	0	0	0	0	0	0	0	-1	-1	-1	-1	-1.300
	7	3	4	6	3	8	5	9	6	5	2	3	Z_{min}

und dazu die duale Aufgabe bilden, haben wir das Maximierungsproblem des Transportunternehmens formuliert:

$\bar{x}_1$	$\bar{x}_2$	$\bar{x}_3$	$\bar{x}_4$	$\bar{x}_5$	$\bar{x}_6$	$\bar{x}_7$	$\leqq$	c_j
1	0	0	0	-1	0	0		7
0	1	0	0	-1	0	0		3
0	0	1	0	-1	0	0		4
0	0	0	1	-1	0	0		6
1	0	0	0	0	-1	0		3
0	1	0	0	0	-1	0		8
0	0	1	0	0	-1	0		5
0	0	0	1	0	-1	0		9
1	0	0	0	0	0	-1		6
0	1	0	0	0	0	-1		5
0	0	1	0	0	0	-1		2
0	0	0	1	0	0	-1		3
400	1.100	900	800	-900	-1.500	-1.300		z_{max}.

Diese Maximierungsaufgabe kann mit den Programmen 4 und 2 "NFA"/"NA" gelöst werden. Es erfordert wegen der Einheitsmatrix die ganze Speicherkapazität des HP-41 und ist deshalb auch vergleichsweise zeitaufwendig zu lösen. Einfacher wäre es schon, die ursprüngliche Minimierungsaufgabe zu berechnen und dann mit Programm 3 "DU" die duale Lösung abzurufen. Es ist allerdings noch vorteilhafter, die Maximierungsaufgabe durch Programm 8 "LOA/LOI" lösen zu lassen, mit dem die primale und die duale Lösung abgerufen werden können (vergl. Tabelle 9). Es werden folgende Ergebnisse ermittelt:

Lösung der Minimierungsaufgabe	Lösung der Maximierungsaufgabe
x_2 = 900	x_1 = 3
x_5 = 400	x_2 = 8
x_6 = 200	x_3 = 5
x_7 = 400	x_4 = 6
x_{11} = 500	x_5 = 5
x_{12} = 800	x_7 = 3
Z= 10.900	Z= 10.900.

Zur Verdeutlichung sei hier die Lösung der Minimierungsaufgabe interpretiert.

Die Bergwerke liefern an die E-Werke:

$B_1 \rightarrow E_2$	900 ME · 3 GE	=	2.700 GE
$B_2 \rightarrow E_1$	400 ME · 3 GE	=	1.200 GE
$B_2 \rightarrow E_2$	200 ME · 8 GE	=	1.600 GE
$B_2 \rightarrow E_3$	400 ME · 5 GE	=	2.000 GE
	1.000 ME		
$B_3 \rightarrow E_3$	500 ME · 2 GE	=	1.000 GE
$B_3 \rightarrow E_4$	800 ME · 3 GE	=	2.400 GE
	1.300 ME		10.900 GE.

Von der ursprünglichen Aufgabenstellung ist folgende Lösung ausgewählt worden:

	B_1	B_2	B_3	Liefermenge
E_1	-	3	-	400
E_2	3	8	-	1.100
E_3	-	5	2	900
E_4	-	-	3	800
Fördermenge	900	1.000	1.300	10.900

Zur Lösung des Transportproblems sind eine Reihe wesentlich leistungsstärkerer Verfahren entwickelt worden (siehe [4] und [8]).

7.2 Besondere Variable

Grundsätzlich lassen sich alle Aufgaben der linearen Optimierung in die Normalform überführen. Eine Reihe von Probleme sind dabei auf sehr einfache Art zu lösen.

7.2.1 Nach unten begrenzte Variable

Durch das Simplexverfahren wird gewährleistet, daß alle Variablen $\geqq 0$ sind. Es gibt jedoch Aufgaben, in denen diese Untergrenze höher angesetzt werden muß, weil zum Beispiel von einem Produkt nur eine bestimmte Mindestmenge hergestellt werden kann. Das Ausgangstableau einer Aufgabe sieht folgendermaßen aus:

x_1	x_2	x_3	x_4		b_i
1	2	0	1	$\leqq$	120
0	1	2	1	$\leqq$	140
1	1	1	0	$\leqq$	110
0	1	0	0	$\geqq$	10
0	0	1	0	$\geqq$	30
2	1	1	3		Z_{max}.

Diese Aufgabe kann in der Normalform der Maximum-Optimierung nicht gelöst werden, weil auf der rechten Seite keine negativen Zahlen entstehen dürfen. Wenn wir die Kapazitäten um die für die Variablen x_2 und x_3 vorgesehenen Untergrenzen kürzen, können die anderen Variablen nur auf die restlichen Kapazitäten verteilt werden. Somit entfallen die Restriktionen 4 und 5.

x_1	x_2	x_3	x_4	$\leqq$	b_i	
1	2	0	1		100	
0	1	2	1		70	
0	1	1	0		70	
2	1	1	3		-40	Z_{max}

Vor der Eingabe in den Rechner ist damit bereits ein Erfolg von 40 Einheiten entstanden. Die Untergrenzen der Variablen x_2 und x_3 müssen später dem ausgewiesenen Ergebnis hinzuaddiert werden:

$x_1 = 30$ $\quad s_1 = 0$ $\quad Z = 310.$
$x_2 = 10$ $\quad s_2 = 0$
$x_3 = 30$ $\quad s_3 = 40$
$x_4 = 70$

Für die Dateneingabe in den Rechner ist zu berücksichtigen, daß die Zielgleichung bei Maximierungsaufgaben mit umgekehrten Vorzeichen notiert wird. Soll die richtige Summe der Zielfunktion vom Rechner ausgewiesen werden, muß nach Eingabe der letzten Zeile das bereits ermittelte vorläufige Maximum gespeichert werden:

40
STO IND 03.

Bei Einsatz der Programme 4 und 7 ist STO IND 04 einzugeben. Die Summe der Zielfunktion kann man natürlich auch durch das Programm abfragen lassen.

7.2.2 Nach oben begrenzte Variable

Häufig dürfen auch bestimmte Variable eine Obergrenze nicht überschreiten:

x_1	x_2	x_3	x_4	$\leq$	b_i
1	2	0	1		120
0	1	2	1		140
1	1	1	0		110
0	0	0	1		50
2	1	1	3		z_{max}.

Die Aufgabe weicht nicht von der Normalform ab und kann dem Rechner direkt eingegeben werden. In einigen Fälle ist es vielleicht notwendig, den Speicherplatz für die jeweilige Restriktion zu sparen. Auch hier wird wie bei den nach unten begrenzten Variablen die Kapazität um die für x_4 beschriebene Obergrenze gekürzt. Damit diese Obergrenze nicht doch noch überschritten werden kann, müssen alle Koeffizienten in der Spalte x_4 im Vorzeichen geändert werden:

x_1	x_2	x_3	x_4	$\leq$	b_i
1	2	0	-1		70
0	1	2	-1		90
1	1	1	0		110
2	1	1	-3		-150 z_{max}.

Die Variable x_4 wird später ebenfalls der Lösung hinzugerechnet:

$x_1 = 70 \quad s_1 = 0 \quad Z = 330.$
$x_2 = 0 \quad s_2 = 10$
$x_3 = 40 \quad s_3 \;\; 0$
$x_4 = 50$

Sollte eine nach oben begrenzte Variable trotz der Umkehrung des Vorzeichens in der entsprechenden Spalte noch einmal in die Lösung aufgenommen werden, müßte die Obergrenze um den ausgewiesenen Wert vermindert werden. Das heißt, die Obergrenze wäre auch ohne Änderung des Eingabetableaus - bei fehlender 4. Restriktion - eingehalten worden. Bei kleineren Aufgaben kann es deshalb sinnvoll sein, festzustellen, ob die jeweilige Ober- oder Untergrenze nicht von vornherein durch das Ungleichungssystem eingehalten wird.

7.2.3 Freie Variable

Es gibt Aufgaben, bei denen die Nichtnegativitätsbedingungen für einzelne Variable nicht gelten. Diese Variablen sind somit durch das Vorzeichen nicht begrenzt. Deshalb spricht man hier auch von freien Variablen.

x_1	x_2		b_i
1	1	$\leqq$	6
1	0	$\leqq$	5
2	1	$\geqq$	7
2	-1		Z_{max}

$x_1 \geqq 0$

In diesem Beispiel unterliegt nur x_1 der Nichtnegativitätsbedingung. Da durch das Simplexverfahren alle Variablen $\geqq 0$ gehalten werden, muß das Verfahren überspielt werden. Aus diesem Grunde wird die Spalte mit der Variablen x_2 noch einmal mit umgekehrten Vorzeichen als x_3 aufgeführt:

x_1	x_2	x_3	$\leqq$	b_i
1	1	-1		6
1	0	0		5
-2	-2	1		-7
2	-1	1		Z_{max}.

Diese Aufgabe entspricht zwar nicht der Normalform, führt aber, da die Variable x_2 die gewünschte Bedingung erfüllt, zu dem korrekten Ergebnis

$x_1 = 5$ $s_1 = 4$ $Z = 13.$
$x_2 = 0$ $s_2 = 0$
$x_3 = 3$ $s_3 = 0$

Aus dem Vergleich der Variablen x_2 und x_3 läßt sich ablesen, ob x_2 kleiner als Null ist. Es gilt die Regel:

$x_2 < x_3$ $x_2 =$ negativ
$x_2 = x_3$ $x_2 =$ Null
$x_2 > x_3$ $x_2 =$ positiv.

Da x_2 kleiner als x_3 ist, besteht für die eigentliche Aufgabe die Lösung

$x_1 = 5$ $Z = 13.$
$x_2 = -3$

8 Gleichungen als Restriktionen

In der Praxis treten häufig Restriktionen auf, die als Gleichungen erfüllt werden müssen. Für diesen Fall muß das Simplexverfahren modifiziert werden.

8.1 Bildung einer zulässigen Ausgangslösung

Da im Endtableau für die Gleichungen keine Schlupfvariablen auftreten dürfen, scheint das Einfügen dieser Schlupfvariablen nicht erforderlich. Die Schlupfvariablen haben aber die Aufgabe, den Wert der rechten Seite anzunehmen. Eine Gleichung, die nur Strukturvariablen enthält, ist im Ausgangstableau nur dann erfüllt, wenn die rechte Seite gleich Null ist. Aus diesem Grunde wird jeder Gleichung eine Schlupfvariable zugeordnet, damit die Gleichung formal immer erfüllt ist. Eine Lösung ist aber nur zulässig, wenn die Schlupfvariablen gleich Null sind. Folglich bilden bei Gleichungen die Schlupfvariablen keine zulässige Ausgangslösung. Um die Gleichung zu erfüllen, muß dafür gesorgt werden, daß die Schlupfvariable aus der jeweiligen Restriktion eliminiert wird. Erst wenn dies erfolgt ist, besteht eine erste zulässige Ausgangslösung, auf die dann das bekannte Simplexverfahren angewendet werden kann.

8.2 Ein Lösungsverfahren

Zur Lösung dieses Problems bieten sich mehrere Verfahren an. Aus Gründen der Veranschaulichung sollen zunächst nur reine Gleichungstableaus behandelt werden, für die hier eine programmiertechnisch besonders einfache Lösung angeboten wird. Als Beispiel sei folgende Aufgabe aufgeführt:

x_1	x_2	x_3	x_4	x_5	(=)	b_i
2	3	-1	4	1		8
3	2	2	-2	-2		7
5	5	1	1	-1		15
1	4	-4	11	4		9
-5	2	2	-8	-2		z_{max}.

Die Gleichungen dürfen auf der rechten Seite keine negativen Zahlen enthalten, sonst müssen sie mit -1 multipliziert werden.

Zur Lösung dieser Aufgabe muß jetzt eine Hilfszielfunktion oder sekundäre Zielfunktion aufgestellt werden, in der die Vektoren der Nebenbedingungen aufaddiert sind:

a'_{i1}	a'_{i2}	a'_{i3}	a'_{i4}	a'_{i5}	$b'_{i.}$
11	14	-2	13	2	39

Sie wird mit umgekehrten Vorzeichen unter die eigentliche Zielfunktion geschrieben. Diese Hilfszielfunktion wird dann so lange nach dem Simplexverfahren maximiert, bis in ihr keine negativen Elemente mehr enthalten sind. Wenn der optimale Wert der Hilfszielfunktion gleich Null ist, bestimmt die optimale Lösung dieser Hilfsaufgabe eine zulässige Basislösung. Erst danach wird durch Maximierung der eigentlichen Zielfunktion - sofern dies noch möglich ist - die zulässige Ausgangslösung verbessert. Wird die Summe der Hilfszielfunktion nicht gleich Null, hat die Aufgabe keine zulässige Basislösung und ist somit unlösbar.

Da beide Zielfunktionen einheitlich nach dem Algorithmus für die Matrix ohne Einheitsvektoren gelöst werden sollen, müssen die Spalten, die die aus der Basis ausgeschlossenen Schlupfvariablen aufnehmen, gelöscht werden, damit sie nicht wieder zur Basisvariablen werden können. Dieses von KREKÓ [4] vorgeschlagene Verfahren entspricht weitgehend der M-Methode. Die Lösung des genannten Beispiels wird in Tabelle 10 dargestellt.

In Tabelle 10 sind die noch nicht aus der Basis ausgeschlossenen Schlupfvariablen durch einen Stern gekennzeichnet. Am Ende des Lösungsprozesses befindet sich s_3 noch immer in der Basis, hat aber den Wert Null angenommen. In diesem Falle liegt in der Aufgabe eine Linearkombination vor. Die Restriktion 3 kann aus dem Eingabetableau gestrichen werden, weil ihre Bedingungen von den übrigen Restriktionen mit erfüllt werden.

Tabelle 10 Numerische Lösung eines Gleichungssystems

Schritt		1	2	3	4	5		
1.	6*	2	3	-1	4	1	8	2,67
	7*	3	2	2	-2	-2	7	3,5
	8*	5	5	1	1	-1	15	3
	9*	1	4	-4	11	4	9	2,25
		5	-2	-2	8	2	0	
		-11	-14	2	-13	2	39	

Schritt		1	9	3	4	5		
2.	6*	1,25	0	2	-4,25	-2	1,25	0,63
	7*	2,5	0	4	-7,5	-4	2,5	0,63
	8*	3,75	0	6	-12,75	-6	3,75	0,63
	2	0,25	0	-1	2,75	1	2,25	-
		5,5	0	-4	13,5	4	4,5	
		-7,5	0	-12	24,5	12	-7,5	

Schritt		1	9	6	4	5		
3.	3	0,63	0	0	-2,13	-1	0,63	-
	7*	0	0	0	1	0	0	0
	8*	0	0	0	0	0	0	-
	2	0,88	0	0	0,63	0	2,88	4,57
		8	0	0	5	0	7	
		0	0	0	-1	0	0	

Schritt		1	9	6	7	5		
4.	3	0,63	0	0	0	-1	0,63	
	4	0	0	0	0	0	0	
	8*	0	0	0	0	0	0	
	2	0,88	0	0	0	0	2,88	
		8	0	0	0	0	7	
		0	0	0	0	0	0	

8.3 Besonderheiten

Mit dem hier vorgestellten Verfahren können auch Minimierungsaufgaben gelöst werden. Wie beim dualen Simplexverfahren wird die eigentliche Zielfunktion ohne Änderung der Vorzeichen in die Matrix eingesetzt. Die Hilfszielfunktion wird weiterhin mit geänderten Vorzeichen notiert. Nach Lösung der sekundären Zielfunktion wird auch bei Minimierungsaufgaben die primäre Zielfunktion maximiert. Eine Voraussetzung dafür ist, daß in dem Augenblick, in dem die Summe der Hilfszielfunktion gleich Null ist (Tab. 10.3), mit der Maximierung der primären Zielfunktion begonnen wird. Für den Lösungsprozeß bei Gleichungssystemen erweist es sich als unerheblich, ob noch Koeffizienten der Hilfszielfunktion kleiner als Null sind. Bei dem hier vertretenen Verfahren wird auf die Ermittlung einer optimalen Basislösung verzichtet. Dadurch kann die Zahl der Iterationen und damit der Rechenaufwand insgesamt verringert werden.

Das Lösungsverfahren für Gleichungssysteme bringt nicht mehr die für das primale und das duale Simplexverfahren kennzeichnende stetige Verbesserung des Wertes der Zielfunktion mit sich. Außerdem wird bei der hier vorgestellten Methode keine duale Lösung ausgewiesen, weil die Pivotspalten mit den Schlupfvariablen gelöscht werden.

8.4 Programmentwurf

Das für die Lösung von Gleichungssystemen vorgeschlagene Verfahren entspricht in großen Zügen dem im Abschnitt 6.1 dargestellten Algorithmus.

8.4.1 Dateneingabe

Bei der Dateneingabe muß berücksichtigt werden, daß sich der Speicherbedarf wegen der Hilfszielfunktion um n + 1 Register vergrößert. Zudem müssen wir dafür sorgen, daß die Vektoren der Nebenbedingungen in der Hilfszielfunktion aufaddiert werden. Für das Lösungsverfahren empfiehlt es sich, die Zahl der Steueregister um eins zu vermehren. In Register 11 kann die Ziffer abgelegt werden, die die Adresse für die Summe der

Hilfszielfunktion beschreibt. Man sollte darauf achten, daß bei der Dateneingabe die jeweiligen Nebenbedingungen sofort mit negativem Vorzeichen in der Hilfszielfunktion kummuliert werden. Außerdem muß für jede Restriktion ein Flag gesetzt werden. Zur Unterscheidung von Maximum-und Minimum-Optimierung werden wie in Programm 4 "NFA/NFI" bei Maximierungsaufgaben die Vorzeichen in der Zielfunktion geändert.

8.4.2 Lösungsverfahren und Ergebnisanzeige

Beim Lösungsverfahren muß zunächst darauf geachtet werden, daß zuerst die sekundäre und dann die primäre Zielfunktion Grundlage für die Wahl der Pivotspalten bilden. Zu Anfang wird deshalb das ganze Tableau nach der Rekursionsformel umgerechnet. Als Ausgangspunkt dient hierbei Register 11. Wird die Hilfszielfunktion nicht mehr benötigt, braucht sie auch nicht mehr bei der Basistransformation berücksichtigt werden. Sind alle Elemente der sekundären Zielfunktion außer der Funktionssumme Null, ist die Aufgabe nicht lösbar.

Für die Programmierung der Basistransformation muß eine Umstellung des Algorithmus vorgenommen werden. Wird eine Schlupfvariable aus der Basis ausgeschlossen, muß anschließend die Pivotspalte gelöscht werden. Das kann sehr einfach erreicht werden, wenn die Basistransformation folgendermaßen organisiert wird:

1. a) Das Pivotelement wird in der Matrix durch Null ersetzt.
   b) Ist für die Pivotzeile ein Flag gesetzt, muß an Stelle des Pivotelementes Null zwischengespeichert werden. Das Flag wird gelöscht.
   c) Ist für die Pivotzeile kein Flag gesetzt, wird der negative Reziprokwert des Pivotelementes zwischengespeichert.

2. Die Pivotzeile wird mit dem Reziprokwert des Pivotelementes multipliziert.

3. Alle anderen Zeilen werden nach der Rechtecksregel umgerechnet.

4. An die Stelle des Pivotelementes wird -1 in die Matrix eingesetzt.

5. Die Pivotspalte wird mit dem zwischengespeicherten Pivotelement multipliziert. Steht im Zwischenspeicher Null, wird dadurch die Pivotspalte gelöscht.

Bei der Ergebnisanzeige kann nur eine primale Lösung ausgewiesen werden.

8.5 Programmbeschreibung 10 "MAG/MIG"

Mit Programm 10 kann sowohl das Maximum (XEQ"MAG") als auch das Minimum von Gleichungssystemen (XEQ"MIG") berechnet werden. Es unterscheidet sich in der Dateneingabe nur durch den veränderten Programmaufruf von den Programmen 1 oder 8. Solange der Rechner eine zulässige Basislösung ermittelt, befindet er sich im RAD-Modus. Ist eine Basislösung gefunden, wird die RAD-Anzeige im Display gelöscht und die primäre Zielfunktion maximiert. Hat die Aufgabe keine Basislösung, produziert das Programm in Zeile 94 ein DATA ERROR. Weil bei Gleichungssystemen zu Beginn in der Regel keine zulässige Basislösung besteht, wird erst am Ende jeder Iteration die Summe der Zielfunktion als vorläufiges Optimum angezeigt. Auf diese Weise kann man die Zahl der Iterationen nachhalten. Mit XEQ E kann das Ergebnis beliebig oft abgerufen werden. Das Programm hat eine Länge von 67 Registern. Somit kann der Rechner Aufgaben mit 13 Variablen und 13 Restriktionen aufnehmen. In T a b e l l e 1 1 wird die Programmanwendung noch einmal zusammengefaßt.

Für den Matrixausdruck kann Programm 9 "MX" eingesetzt werden, wenn in Zeile 09 LASTX durch 2 und in Zeile 12 11 durch 12 ersetzt wird.

Tabelle 11 Einsatz des Programms 10

	Eingabe	Funktion
1. Programmspeicher von 67 Registern einrichten		
2. USER-Modus einschalten		
3. Programm 10 "MAG/MIG" einlesen		
4. Programmaufrufe		
a) Maximierungsaufgaben		XEQ"MAG"
b) Minimierungsaufgaben		XEQ"MIG"
5. Eingabe des Tableaus		
a) Anzahl der Variablen	n	R/S
b) Anzahl der Restriktionen	m	R/S
c) Gleichungen und Zielfunktion werden zeilenweise eingegeben (siehe Tabelle 3)		
6. Nach jeder Iteration wird die Summe der Zielfunktion angezeigt. Anschließend wird die Lösung ausgedruckt.		
7. Wiederholung der Lösungsanzeige		XEQ E

8.6 Anweisungsliste 10

```
PROGRAMM 10

01♦LBL "MAG"
02 SF 00
03 GTO 00
04♦LBL "MIG"
05 CF 00
06♦LBL 00
07 CLRG
08 CF 29
09 FIX 0
10 DEG
11 1,001
12 STO 04
13 12,011
14 STO 07
15 "VAR?"
16 PROMPT
17 STO 00
18 1
19 +
20 STO 02
21 ST- 03
22 "RESTR?"
23 PROMPT
24 STO 01
25 3
26 10↑X
27 /
28 1
29 +
30 STO 08
31 RCL 01
32 2
33 +
34 RCL 02
35 *
36 11
37 +
38 ST+ 03
39 STO 10
40 STO 11
41 RCL 00
42 ST- 10
43 RCL 01
44 +
45 +
46 STO IND X
47 LASTX
48♦LBL 01
49 STO IND Y
50 DSE Y
51 DSE X
52 GTO 01
53♦LBL 02
54 XEQ 10
55 "b"
56 ARCL 08
57 "⊢=?"
58 PROMPT
59 STO IND 07
60 ST- IND 11
61 SF IND 08
62 RCL 04
63 ST+ 07
64 ISG 08
65 GTO 02
66 RAD
67 XEQ 10
68 SF 29
69 FIX 4
70♦LBL 03
71 RCL 11
72 FC? 43
73 RCL 03
74 STO 07
75 RCL 00
76 STO 09
77♦LBL 04
78 DSE 07
79 RCL 05
80 RCL IND 07
81 X>Y?
82 GTO 00
83 STO 05
84 RCL 09
85 STO 06
86♦LBL 00
87 DSE 09
88 GTO 04
89 RCL 05
90 X≠0?
91 GTO 00
92 FC? 43
93 GTO E  ——>
94 /
95♦LBL 00
96 1 E9
97 STO 08
98 RCL 01
99 STO 10
100 RCL 03
101 STO 07
102 RCL 06
103 +
104 RCL 02
105 -
106 STO 05
107♦LBL 05
108 RCL 02
109 ST- 05
110 ST- 07
111 RCL 08
112 RCL IND 07
113 RCL IND 05
114 X<=0?
115 GTO 00
116 /
117 X>Y?
118 GTO 00
119 STO 08
120 RCL 10
121 STO 09
122♦LBL 00
123 DSE 10
124 GTO 05
125 RCL 09
126 /
127 RCL 06
128 LASTX
129 +
130 RCL 11
131 +
132 RCL 06
133 LASTX
134 +
135 RCL IND X
136 X<> IND Z
137 STO IND Y
138 1
139 ST- 06
140 FS? 43
141 2
142 RCL 01
143 +
144 STO 05
145 11
146 RCL 02
147 RCL 09
148 *
149 +
150 RCL 04
151 *
152 RCL 00
153 -
154 STO 07
155 STO 08
156 RCL 06
157 +
158 1
159 0
160 X<> IND Z
161 1/X
162 FC?C IND 09
163 ST- 10
```

Fortsetzung

```
X=Y?
GTO 07
◆LBL 06
ST* IND 07
ISG 07
GTO 06
◆LBL 07
RCL 09
RCL 05
X=Y?
GTO 00
RCL 02
*
11
+
RCL 04
*
RCL 00
-
STO 07
RCL 06
+
RCL IND X
X=0?
GTO 00
+
RCL 08
◆LBL 08
RCL IND X
LASTX
*
ST- IND 07
ISG Y
RDN
ISG 07
GTO 08
◆LBL 00
DSE 05
GTO 07
RCL 08
RCL 06
+
1
ST- IND Y
RCL 01
2
+
12
RCL 06
+
◆LBL 09
RCL 10
ST* IND Y
CLX
RCL 02
+
DSE Y
GTO 09
RCL IND 11
RND
X=0?
DEG
VIEW IND 03
GTO 03
--------------------
◆LBL 10
RCL 00
3
10↑X
/
ST+ 07
RCL 10
1
◆LBL 11
"c"
FS? 43
GTO 00
"a"
ARCL 08
"├,"
◆LBL 00
ARCL X
"├=?"
PROMPT
FC? 43
ST- IND Z
FC? 00
GTO 00
FS? 43
CHS
◆LBL 00
STO IND 07
CLX
1
ST+ Z
+
ISG 07
GTO 11
RTN
--------------------
◆LBL E
RCL 03
STO 07
RCL 11
RCL 00
+
RCL 01
STO 05
+
STO 09
◆LBL 12
RCL 02
ST- 07
RCL 00
RCL IND 09
"X"
X<=Y?
GTO 00
X<>Y
-
"S"
◆LBL 00
CF 29
FIX 0
ARCL X
"├="
SF 29
FIX 4
ARCL IND 07
AVIEW
FC? 55
STOP
DSE 09
DSE 05
GTO 12
ADV
"Z="
RCL IND 03
ABS
ARCL X
AVIEW
.END.

                    CAT 1
LBL'MAG
LBL'MIG
.END.         469 BYTES
```

8.7 Aufgaben

Berechnen Sie für folgende Aufgaben das Maximum und das Minimum der Zielfunktion!

8.

x_1	x_2	x_3	x_4	x_5	x_6	x_7	=	b_i
1	1	1	1	1	0	0		1
0	1	-2	-3	4	1	0		0
0	4	-3	-2	1	0	1		0
0	-1	1	-1	1	0	0		$z_{max/min}$

9.

x_1	x_2	x_3	x_4	x_5	x_6	x_7	=	b_i
1	1	2	3	2	3	1		7
2	3	1	1	3	2	2		8
1	2	3	2	0,5	1	1		6
2	1	3	1	2	3	1		7
1	2	3	1	2	3	1		$z_{max/min}$

10.

x_1	x_2	x_3	x_4	x_5	x_6	x_7	x_8	=	b_i
1	1	1	1	1	1	1	1		10
-2	3	1	-4	-3	2	3	-1		-10
5	0	-1	2	0	1	-4	3		12
0	-1	4	1	-2	3	0	-1		4
6	2	-3	5	0	-1	2	4		20
3	-1	2	5	-4	3	1	-2		$z_{max/min}$

Die Aufgaben 9 und 10 wurden Band [2] entnommen.

9 Aufgaben mit unterschiedlichen Restriktionen

9.1 Der allgemeine Fall

Mit den bisherigen Verfahren werden Optmierungsprobleme gelöst, die eine einheitliche Struktur besitzen. Sehr häufig haben Optimierungsaufgaben jedoch Nebenbedingungen, die sowohl Ungleichungen vom Typ $\leqq$ und vom Typ $\geqq$ als auch Gleichungen enthalten.

$$\begin{aligned} Z(x) &= \langle c,x \rangle \\ x &\geqq 0 \\ A^1 \cdot x &\leqq b^1 \\ A^2 \cdot x &\geqq b^2 \\ A^3 \cdot x &= b^3 \end{aligned}$$

Durch Multiplikation mit -1 können die $\geqq$-Restriktionen in solche vom Typ $\leqq$ umgewandelt werden, so daß folgendes Problem entsteht:

$$\begin{aligned} Z(x) &= \langle c,x \rangle \\ x &\geqq 0 \\ A^1 \cdot x &\leqq b^1 \\ A^2 \cdot x &= b^2. \end{aligned}$$

Mit der Einführung von Schlupfvariablen erhalten wir ein reines Gleichungssystem, das aber keine zulässige Anfangslösung besitzt. Es können bei diesem Aufgabentyp auf der rechten Seite und in der Zielfunktion negative Zahlen auftreten.

9.2 Die Dreiphasenmethode

Es erscheint naheliegend, die bisher vorgestellten Verfahren in umgekehrter Reihenfolge auf dieses Problem anzuwenden:

1. Zunächst werden die Schlupfvariablen aus den als Gleichung vorgegebenen Restriktionen ausgeschlossen.

2. Als dann werden nach der dualen Simplexmethode die Restriktionen umgewandelt, die auf der rechten Seite negative Zahlen aufweisen.

3. Die dann gefundene Basislösung wird maximiert.

Auf diese Weise können alle bisher dargestellten Aufgabentypen durch ein einziges Programm gelöst werden. Zielfunktion und rechte Seite unterliegen dabei keinen einschränkenden Bedingungen mehr.

9.3 Numerisches Beispiel

Als Beispiel soll folgende Aufgabe dienen [6] :

	x_1	x_2	x_3		b_i
s_1	1	0	-1	$\leqq$	10
s_2	0	1	-2	$\geqq$	6
s_3	1	-1	0	=	2
	1	2	3	=	Z_{max}.

Zur Ermittlung einer zulässigen Basislösung wird diesmal keine Hilfszielfunktion konstruiert. Die Aufgabe kann in der bekannten Form notiert werden,

	1 ... n		
n+1 ⋮ n+m	a_{11} ... a_{1n} ⋮ ⋮ a_{m1} ... a_{mn}	b_1 ⋮ b_m	q_i
	c_1 ... c_n	0	
	q_j		

wobei die Matrix jetzt von zwei Feldern für die Quotienten umgeben ist. Da mit der Dreiphasenmethode sowohl Maximierungs- als auch Minimierungsaufgaben gelöst werden können, werden wieder zur Unterscheidung bei Maximierungsaufgaben die Vorzeichen in der Zielfunktion umgekehrt. Die Lösung der Aufgabe wird in Tabelle 12 dargestellt. Zur Kennzeichnung der als Gleichung vorgegebenen Restriktion ist deren Indexziffer mit einem Stern versehen.

Tabelle 12 Numerische Lösung nach der Dreiphasenmethode

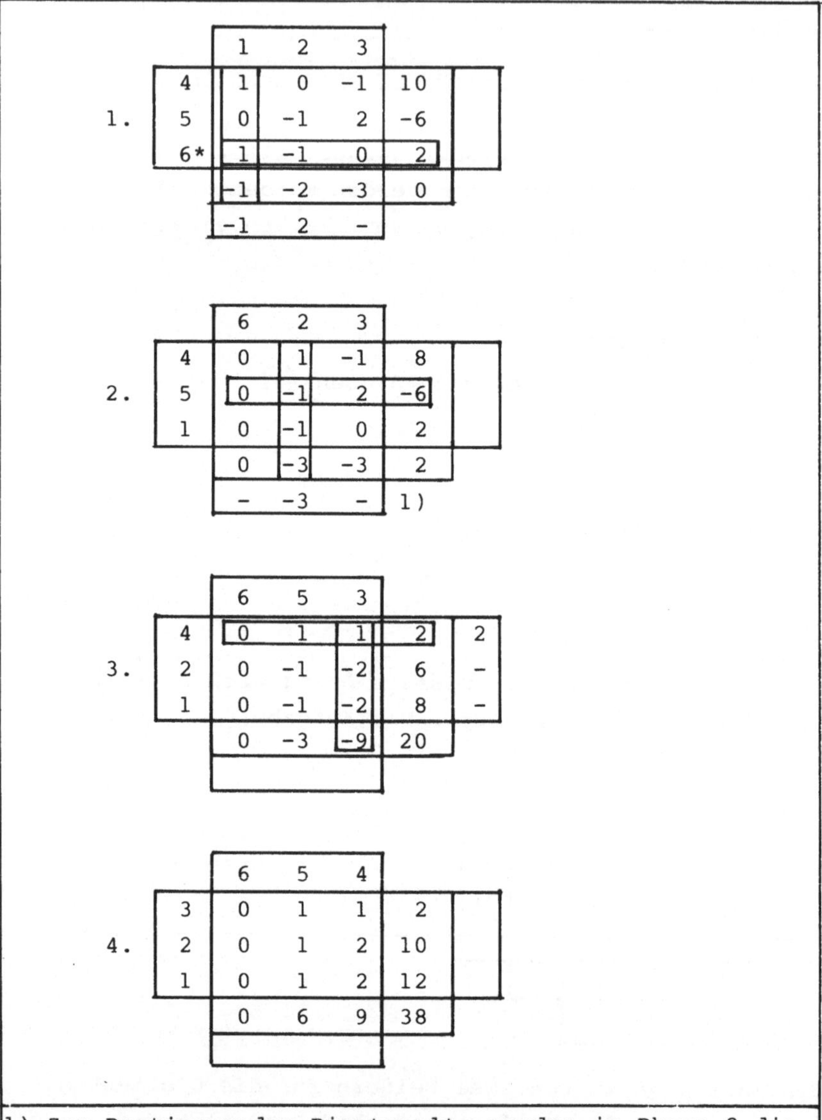

		1	2	3		
1.	4	1	0	-1	10	
	5	0	-1	2	-6	
	6*	1	-1	0	2	
		-1	-2	-3	0	
		-1	2	-		

		6	2	3		
2.	4	0	1	-1	8	
	5	0	-1	2	-6	
	1	0	-1	0	2	
		0	-3	-3	2	
		-	-3	-	1)	

		6	5	3		
3.	4	0	1	1	2	2
	2	0	-1	-2	6	-
	1	0	-1	-2	8	-
		0	-3	-9	20	

		6	5	4		
4.	3	0	1	1	2	
	2	0	1	2	10	
	1	0	1	2	12	
		0	6	9	38	

1) Zur Bestimmung der Pivotspalte werden in Phase 2 die Koeffizienten der Pivotzeile in ihrem Vorzeichen geändert.

Phase 1:

a) Wahl der Pivotzeile

Es werden nur Pivotzeilen aufgenommen, die als Gleichung vorgegeben sind, und deren Schlupfvariable noch nicht aus der Basis ausgeschlossen ist. In Tab. 12.1 ist es die durch den Stern gekennzeichnete Zeile 3.

b) Wahl der Pivotspalte

Bei der Ermittlung einer Pivotspalte reicht es in der 1. Phase völlig aus, ein Element verschieden von Null aus dieser Zeile zu bestimmen. Es hat sich jedoch in den meisten Fällen als vorteilhaft erwiesen, den kleinsten Quotienten aus der Zielfunktion und den Elementen aus der Pivotzeile nach der Regel $q_k = \min\limits_{a_{rj} \neq 0} \frac{c_j}{a_{rj}}$ zu bestimmen.

Es kann jedoch vorkommen, daß die Pivotzeile kein Element verschieden von Null enthält. In diesem Falle handelt es sich entweder um eine Linearkombination oder die Aufgabe ist nicht lösbar. Bei einer Linearkombination kann die entsprechende Zeile aus der Aufgabe gestrichen und das Verfahren durch Wahl einer anderen Zeile fortgesetzt werden.

In der nachfolgenden Basistransformation wird die Pivotspalte gelöscht. Tab. 12.2 enthält keine Gleichungen mehr, deshalb kann zu Phase 2 übergegangen werden.

Phase 2:

a) Wahl der Pivotzeile

Bei der Wahl der Pivotzeile wird auf die Regel der dualen Simplexmethode $b_r = \min\limits_{b_i < 0} b_i$ zurückgegriffen.

b) Wahl der Pivotspalte

Durch die Wahl der Pivotspalte muß ein Element kleiner als Null in der Pivotzeile bestimmt werden. Zur Bestimmung der Pivotspalte ist es aber sinnvoll, die Vorzeichen in der Pivotzeile umzukehren und nach der Regel $q_k = \min\limits_{a_{rj} < 0} \frac{c_j}{-a_{rj}}$ festzulegen.

Befindet sich kein Element kleiner als Null in der Pivotzeile, ist die Aufgabe unlösbar. Da in der Zielfunktion im Gegensatz zur dualen Simplexmethode auch Zahlen kleiner als Null stehen dürfen, bestimmen jetzt Quotienten kleiner als Null vorzugsweise die Pivotspalte.

Nach der Basistransformation enthält Tab. 12.3 auf der rechten Seite keine negativen Zahlen mehr. Das Tableau umfaßt jetzt eine Aufgabe der Normalform, die damit auch eine erste zulässige Basislösung beschreibt. Das Verfahren kann mit Phase 3 fortgesetzt werden.

Phase 3:

In der letzten Phase wird die Zielfunktion nach den Regeln der primalen Simplexmethode maximiert:

a) Wahl der Pivotspalte

$$c_k = \min_{c_j < 0} c_j$$

b) Wahl der Pivotzeile

$$q_r = \min_{a_{ik} > 0} \frac{b_i}{a_{ik}}$$

Mit Tab. 13.4 liegt das Abschlußtableau vor. Da die Aufgabe eine Gleichung enthielt, weist die Tabelle keine vollständige duale Lösung aus.

Die Dreiphasenmethode wird in B i l d 7 noch einmal im Ablauf dargestellt.

9.4 Programmentwurf

Auf den ersten Blick erscheint die Programmierung der Dreiphasenmethode vielleicht sehr aufwendig. Die bisher für die einzelnen Programme gefundenen Lösungen lassen sich aber sehr gut zu einem neuen Programm zusammenfügen.

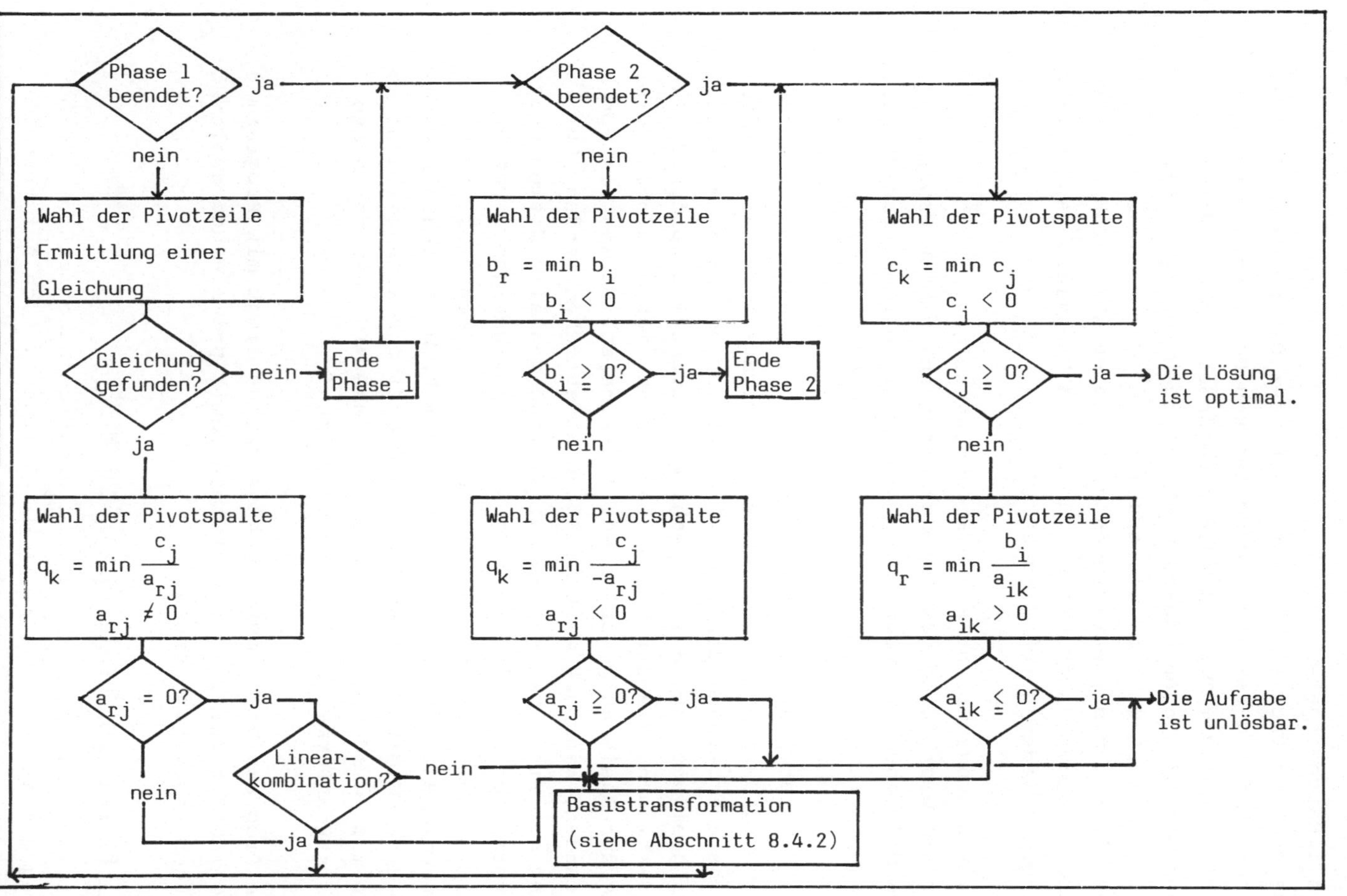

Bild 7 Lösungsweg für die Dreiphasenmethode

9.4.1 Dateneingabe

Das einzige Problem bei der Lösung der Dateneingabe ist die Unterscheidung der drei verschiedenen Restriktionstypen. Restriktionen vom Typ $\leqq$ werden unverändert in die Matrix aufgenommen. Hingegen müssen Restriktionen vom Typ $\geqq$ mit -1 multipliziert werden. Gleichungen sind durch das Setzen eines Flags für die entsprechende Zeile zu kennzeichnen. Die Unterscheidung nach Maximierungs- und Minimierungsproblemen erfolgt wieder durch Flag 00.

9.4.2 Lösungsverfahren und Ergebnisanzeige

Für die Gestaltung des Lösungsverfahrens bietet Programm 7 "MA/MI" eine gute Grundlage. Die Unterprogramme für Minimierungsprobleme LBL 09 und für Maximierungsprobleme LBL 08 werden nicht mehr alternativ, sondern nacheinander eingesetzt. Als äußerst platzsparend erweist es sich, daß das Unterprogramm für Minimierungsaufgaben hervorragend für die zusätzliche Abarbeitung der als Gleichung vorgegebenen Restriktionen geeignet ist. Bei der Wahl der Pivotzeile werden die Restriktionen, die durch ein Flag gekennzeichnet sind, zuerst aus der Basis ausgeschlossen. Ist eine solche Restriktion gefunden, kann die weitere Suche abgebrochen werden. Zur Wahl der Pivotspalte sind bei Gleichungen alle Elemente der Pivotzeile, die nicht gleich Null sind, geeignet, während beim dualen Verfahren darauf geachtet werden muß, daß das Pivotelement kleiner als Null sein muß. Weil nach der Aufnahme einer Gleichung anschließend die Pivotspalte gelöscht werden muß, wird die für Programm 10 "MAG/MIG" eingerichtete Basistransformationsformel übernommen.

Die Programmierung der Ergebnisanzeige liegt mit Programm 8 "LOA/LOI" bereits vor. Es können damit primale und duale Lösungen angezeigt werden.

9.5 Programmbeschreibung 11 "MAX/MIN"

Mit Programm 11 "MAX/MIN" ist die Dreiphasenmethode zur Lösung des allgemeinen Falls eingerichtet. Auch Aufgaben der Normalform lassen sich damit in der primalen Form lösen.

Die Eingabe der Matrix ist bei diesem Programm neu gestaltet. Bei jeder Restriktion wird durch Anzeige von "<= = >=" der Anwender aufgefordert, den Typ der Restriktion zu definieren. Ungleichungen vom Typ $\leqq$ müssen dem Rechner durch XEQ A (Σ+) oder R/S angezeigt werden. Bei Ungleichungen vom Typ $\geqq$ ist XEQ E (LN) auszuführen. Besteht die Restriktion aus einer Gleichung, so ist mit XEQ C ($\sqrt{x}$) zu antworten. Werden dem Rechner Gleichungen eingegeben, wird automatisch Flag 28 gesetzt. Enthält die Aufgabe keine Gleichung, wird Phase 1 übersprungen. Bei jeder Aufgabe prüft der Computer, ob auf der rechten Seite negative Zahlen stehen. Sind diese nicht oder nicht mehr vorhanden, geht er zur 3. Phase über. Dieser Vorgang wird dadurch erkennbar, daß der Rechner aus dem RAD- in den DEG-Modus schaltet.

Bei der Ergebnisanzeige wird immer die primale Lösung ausgewiesen. Diese läßt sich mit XEQ"P" beliebig oft wiederholen. Die Anzeige der dualen Lösung muß durch den Programmaufruf XEQ"DU" veranlaßt werden. Es ist allerdings zu berücksichtigen, daß die duale Lösung nur bei Aufgaben vollständig ausgewiesen wird, die keine Gleichungen enthalten. Eine sinnvolle Tastenzuordnung, die die Arbeit mit dem Programm erleichtern soll, wird mit Bild 8 vorgestellt.

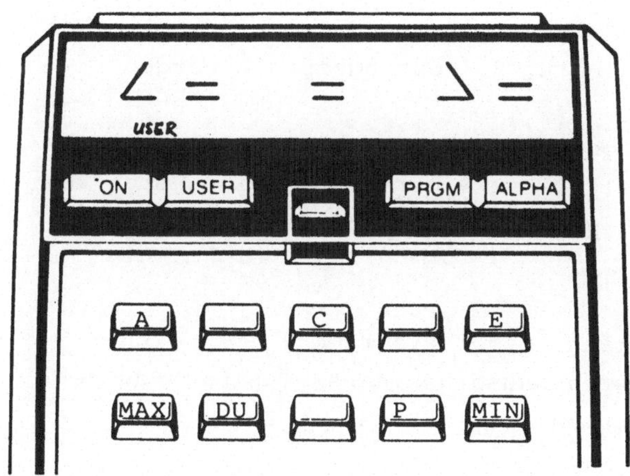

Bild 8 Tastenzuordnung für Programm 11

Ist die Aufgabe nicht lösbar, wird dies durch DATA ERROR angezeigt. Diese Anzeige erfolgt allerdings auch, wenn eine Linearkombination unter mehreren Gleichungen vorliegt. Wird eine Linearkombination vermutet, kann die Störung durch folgende von Hand eingegebenen Schritte überprüft werden:

```
STO 05
GTO 04
R/S.
```

Bei einer Linearkombination läuft dann das Programm bis zur Ergebnisanzeige weiter. Wird erneut DATA ERROR angezeigt, ist die Aufgabe nicht lösbar.

Es ist deshalb empfehlenswert, vor der Berechnung einer Aufgabe mit mehreren Gleichungen, die als Gleichungen vorgegebenen Restriktionen auf diesen Fall hin zu prüfen. Der Test erfolgt mit diesem Programm. Es werden dem Rechner nur die Gleichungen und für die Zielfunktion Nullwerte eingegeben. Entsteht bei der Rechnung ein DATA ERROR, ist festzustellen, ob in der Zeile, für die der Fehler angezeigt wird, auf der rechten Seite ebenfalls ein Nullwert besteht. Diese Prüfung erfolgt durch XEQ"P". Enthält die entsprechende Gleichung eine Schlupfvariable $s_i \neq 0$, ist das Gleichungssystem unverträglich und damit nicht lösbar. Im anderen Falle kann die Restriktion für die angezeigte Schlupfvariable gestrichen und damit das Tableau verkleinert werden. Dieses Problem kann mit dem Beispiel aus Abschnitt 8.1 durchgespielt werden.

Die Arbeit mit diesem Programm wird in Tabelle 13 zusammenfassend dargestellt. Das Programm hat eine Länge von 87 Registern und kann Aufgaben mit 13 Variablen und 13 Restriktionen berechnen.

Zur Anzeige der Matrix kann wieder Programm 9 "MX" eingesetzt werden. Um den Mehrfachausdruck eines Tableaus zu vermeiden, sollte der Programmaufruf XEQ"MX" in Zeile 193 eingesetzt werden.

Tabelle 13 Einsatz des Programms 11

A. Allgemein	Eingabe	Funktion	Anzeige
1. Programmspeicher von 87 Registern einrichten			
2. USER-Modus einschalten			
3. Programm 11 "MAX/MIN" einlesen			
4. Programmaufrufe			
a) Maximierungsaufgabe		XEQ"MAX"	VAR?
b) Minimierungsaufgabe		XEQ"MIN"	VAR?
5. Anzahl der Variablen und der	n	R/S	RESTR?
Restriktionen eingeben	m	R/S	a1,1=?
6. Restriktionen und deren Typ	a_{11}	R/S	a1,n=?
sowie die Zielfunktion	a_{1n}	R/S	<= = >=
zeilenweise eingeben.	XEQ A/C/E	R/S	b1=?
Restriktion:	b_1	R/S	am,1=?
Typ $\leqq$ XEQ A oder R/S	a_{m1}	R/S	am,n=?
Typ = XEQ C	a_{mn}	R/S	<= = >=
Typ $\geqq$ XEQ E	XEQ A/C/E	R/S	bm=?
	b_m	R/S	c1=?
	c_1	R/S	cn=?
	c_n	R/S	.
7. Anzeige der Summe der Zielfunktion nach jeder Iteration			.
8. Ergebnisanzeige			.
X= Strukturvariable			Xj=
S= Schlupfvariable		R/S	Si=
Z= Summe der Zielfunktion		R/S	Z=
9. Abruf der Ergebnisse			
a) primale Lösung		XEQ"P"	
b) duale Lösung		XEQ"DU"	

Tabelle 13 (Fortsetzung)

B. Beispiel	x_1	x_2	x_3		b_i
	1	0	-1	$\leqq$	10
	0	1	-2	$\geqq$	6
	1	-1	0	=	2
	1	2	3	=	Z_{max}

Tastenfolge		Anzeige
	XEQ"MAX"	VAR?
3	R/S	RESTR?
3	R/S	a1,1=?
1	R/S	a1,2=?
0	R/S	a1,3=?
-1	R/S	<= = >=
	XEQ A	b1=?
10	R/S	a2,1=?
0	R/S	a2,2=?
1	R/S	a2,3=?
-2	R/S	<= = >=
	XEQ E	b2=?
6	R/S	a3,1=?
1	R/S	a3,2=?
-1	R/S	a3,3=?
0	R/S	<= = >=
	XEQ C	b3=?
2	R/S	c1=?
1	R/S	c2=?
2	R/S	c3=?
3	R/S	
		2.0000
		20,0000
		38,0000
		X1=12,0000
	R/S	X2=10,0000
	R/S	X3=2,0000
	R/S	Z=38,0000

9.6 Anweisungsliste 11

PROGRAMM 11

```
01♦LBL "MAX"
02 SF 00
03 GTO 00
04♦LBL "MIN"
05 CF 00
06♦LBL 00
07 CLRG
08 CF 29
09 FIX 0
10 DEG
11 1,001
12 STO 04
13 11,01
14 STO 07
15 "VAR?"
16 PROMPT
17 STO 00
18 1
19 +
20 STO 02
21 "RESTR?"
22 PROMPT
23 STO 01
24 3
25 10↑X
26 /
27 1
28 +
29 STO 08
30 RCL 01
31 1
32 +
33 RCL 02
34 *
35 10
36 +
37 STO 03
38 RCL 00
39 RCL 01
40 +
41 +
42 STO IND X
43 LASTX
44♦LBL 01
45 STO IND Y
46 DSE Y
47 DSE X
48 GTO 01
49 CF 23
50♦LBL 02
51 CF IND 08
52 XEQ 15
53 " <=  =  >="
54 PROMPT
55♦LBL A
56 GTO 00
57♦LBL C
58 SF 28
59 SF IND 08
60 GTO 00
61♦LBL E
62 SF 23
63♦LBL 00
64 "b"
65 ARCL 08
66 "⊢=?"
67 PROMPT
68 STO IND 07
69 RCL 04
70 ST+ 07
71 FC?C 23
72 GTO 00
73 RCL 02
74 ST- 07
75 -1
76♦LBL 03
77 ST* IND 07
78 ISG 07
79 GTO 03
80♦LBL 00
81 ISG 08
82 GTO 02
83 RAD
84 XEQ 15
85 SF 29
86 FIX 4
87♦LBL 04
88 RCL 01
89 STO 06
90 RCL 03
91 STO 07
92 1 E9
93 STO 08
94 RCL 00
95 STO 09
96 8
97 FS? 43
98 9
99 XEQ IND X
100 /
101 RCL 00
102 RCL 09
103 +
104 RCL 03
105 +
106 RCL 06
107 LASTX
108 +
109 RCL IND X
110 X<> IND Z
111 STO IND Y
112 1
113 ST- 06
114 RCL 01
115 +
116 STO 05
117 10
118 RCL 02
119 RCL 09
120 *
121 +
122 RCL 04
123 *
124 RCL 00
125 -
126 STO 07
127 STO 08
128 RCL 06
129 +
130 1
131 0
132 X<> IND Z
133 1/X
134 FC? 28
135 ST- 10
136 X=Y?
137 GTO 06
138♦LBL 05
139 ST* IND 07
140 ISG 07
141 GTO 05
142♦LBL 06
143 RCL 09
144 RCL 05
145 X=Y?
146 GTO 00
147 RCL 02
148 *
149 10
150 +
151 RCL 04
152 *
153 RCL 00
154 -
155 STO 07
156 RCL 06
157 +
158 RCL IND X
159 X=0?
160 GTO 00
161 +
162 RCL 08
```

Fortsetzung

```
163◆LBL 07
164 RCL IND X
165 LASTX
166 *
167 ST- IND 07
168 ISG Y
169 RDN
170 ISG 07
171 GTO 07
172◆LBL 00
173 DSE 05
174 GTO 06
175 RCL 08
176 RCL 06
177 +
178 1
179 ST- IND Y
180 RCL 01
181 +
182 11
183 RCL 06
184 +
185◆LBL 13
186 RCL 10
187 ST* IND Y
188 CLX
189 RCL 02
190 +
191 DSE Y
192 GTO 13
193 VIEW IND 03
194 GTO 04
195◆LBL 08
196 DSE 07
197 RCL 05
198 RCL IND 07
199 X>Y?
200 GTO 00
201 RND
202 STO 05
203 RCL 09
204 STO 06
205◆LBL 00
206 DSE 09
207 GTO 08
208 RCL 05
209 X=0?
210 GTO "P"
211 RCL 01
212 STO 10
213 RCL 03
214 STO 07
215 RCL 06
216 +
217 RCL 02
218 -
219 STO 05
220◆LBL 11
221 RCL 02
222 ST- 05
223 ST- 07
224 RCL 08
225 RCL IND 07
226 RCL IND 05
227 X<=0?
228 GTO 00
229 /
230 X>Y?
231 GTO 00
232 STO 08
233 RCL 10
234 STO 09
235◆LBL 00
236 DSE 10
237 GTO 11
238 RCL 09
239 RTN
240◆LBL 09
241 FS?C IND 06
242 GTO 00
243 FS? 28
244 GTO 10
245 RCL 02
246 ST- 07
247 RCL 05
248 RCL IND 07
249 X>Y?
250 GTO 10
251 RND
252◆LBL 00
253 STO 05
254 RCL 06
255 STO 09
256 1
257 FS? 28
258 STO 06
259◆LBL 10
260 DSE 06
261 GTO 09
262 RCL 05
263 X≠0?
264 GTO 00
265 FC?C 28
266 DEG
267 GTO 04
268◆LBL 00
269 RCL 00
270 STO 10
271 RCL 03
272 STO 07
273 10
274 RCL 02
275 RCL 09
276 *
277 +
278 STO 05
279◆LBL 12
280 DSE 05
281 DSE 07
282 RCL 08
283 RCL IND 07
284 RCL IND 05
285 X=0?
286 GTO 10
287 FS? 28
288 GTO 00
289 CHS
290 X<0?
291 GTO 10
292◆LBL 00
293 /
294 X>Y?
295 GTO 10
296 STO 08
297 RCL 10
298 STO 06
299◆LBL 10
300 DSE 10
301 GTO 12
302 RCL 06
303 RTN
304◆LBL "DU"
305 CF 00
306 RCL 03
307 STO 07
308 RCL 00
309 STO 05
310 +
311 STO 09
312 GTO 14
313◆LBL "P"
314 SF 00
315 RCL 03
316 STO 07
317 RCL 00
318 RCL 01
319 STO 05
320 +
321 +
322 STO 09
323◆LBL 14
324 RCL 02
325 FC? 00
326 SIGN
327 ST- 07
328 "S"
329 FS? 00
330 "X"
331 RCL 00
332 RCL IND 09
```

Fortsetzung

```
333 X<=Y?
334 GTO 00
335 "S"
336 FC? 00
337 "X"
338 X<>Y
339 -
340♦LBL 00
341 CF 29
342 FIX 0
343 ARCL X
344 "⊦="
345 SF 29
346 FIX 4
347 ARCL IND 07
348 AVIEW
349 FC? 55
350 STOP
351 DSE 09
352 DSE 05
353 GTO 14
354 ADV
355 "Z="
356 RCL IND 03
357 ABS
358 ARCL X
359 AVIEW
360 STOP
-----------------
361♦LBL 15
362 RCL 00
363 RCL 04
364 *
365 FRC
366 ST+ 07
367 1
368♦LBL 16
369 "c"
370 FS? 43
371 GTO 00
372 "a"
373 ARCL 08
374 "⊦."
375♦LBL 00
376 ARCL X
377 "⊦=?"
378 PROMPT
379 FC? 00
380 GTO 00
381 FS? 43
382 CHS
383♦LBL 00
384 STO IND 07
385 CLX
386 1
387 +
388 ISG 07
389 GTO 16
390 .END.

                CAT 1
LBL'MAX
LBL'MIN
LBL'DU
LBL'P
.END.        609 BYTES
```

9.7 Ein Anwendungsbeispiel

Mit Programm 11 lassen sich fast alle Probleme der linearen Optimierung lösen, sofern die Größe der Matrix die Speicherkapazität des Rechners nicht überfordert. Um die Arbeitsweise mit diesem Programm zu demonstrieren, eignet sich ein Beispiel aus dem Band [1] , DÜRR/KLEIBOHM, Operations Research, in besonderer Weise.

"Zur Produktion einer bestimmten Aluminiumlegierung stehen Schrott und reine Rohmetalle zur Verfügung. Fünf Arten von Schrott sind in verschiedenen Behältern gespeichert und chemisch analysiert. Die Kosten und die zur Verfügung stehende Schrottmenge sind jeweils bekannt. Das reine Rohmetall hat ebenfalls feste Kosten und kann in beliebiger Menge nachgekauft werden. Zwei der Schrottbehälter enthalten Metallpulver, welches schnell oxydiert. Daher muß in jeder Schmelze eine Mindestmenge davon verwendet werden.

Die Problemmatrix ... enthält alle Angaben über Menge und Art der Legierung und über die zur Verfügung stehenden Rohstoffe. Die Summe der Kosten der einzelnen Rohstoffe ist Zielfunktion und soll minimiert werden. Die Mengenrestriktion bestimmt, daß eine Menge von 2000 kp hergestellt wird. Die weiteren Restriktionen besagen, daß darin mehr als 100 kp Kupfer, 60 kp Eisen usw. enthalten sein sollen. Der Schrott der Sorte 1 enhält 3 % Kupfer, 15 % Eisen, je 2 % Mangan, Magnesium und Silizium, 70 % Aluminium sowie weitere Beimengungen, die hier nicht betrachtet werden. Eine Eintragung in der Spalte BEREICH1 ist vorhanden, wenn die erlaubte Abwei-

	SCHROTT1	SCHROTT2	SCHROTT3	SCHROTT4	SCHROTT5	ALUMINM6	SILIZM7	LEGIERG1	BEREICH1	
KOSTEN	.09	.32	.78	.28	.60	.84	1.52	Min		Zielfunktion
MENGE	1	1	1	1	1	1	1	= 2000		
KUPFER	.03	.05	.08	.02	.06	.01		$\leq$ 100		
EISEN	.15	.04	.02	.04	.02	.01	.03	$\leq$ 60		
MANGAN	.02	.04	.01	.02	.02			$\leq$ 40		Restriktionen
MAGNESM	.02	.03			.01			$\leq$ 30		
ALUMINM	.70	.75	.80	.75	.80	.97		$\geq$ 1500		
SILIZM	.02	.06	.08	.12	.02	.01	.97	$\leq$ 300	50	
SCHRANK1	200	500	800	700	1500					obere Schranke
SCHRANK1			400	100						untere Schranke

chung von der rechten Seite einen gegebenen Bereich nicht überschreiten darf."

Das in diesem Beispiel dargestellte Mischungsproblem zeichnet sich durch viele Ober- und Untergrenzen aus. Solche Aufgaben lassen sich mit Programmen, die nach dem Branch-and-Bound-Verfahren arbeiten, direkt berechnen. Dieses Verfahren ist bei Großrechenanlagen mit ihren erheblich umfangreicheren Aufgabenstellungen auch notwendig. Für einen Taschencomputer ließe sich dieses Verfahren - wenn es denn sein sollte - nur in einem Softwaremodul verwirklichen.

Würden die mit dieser Aufgabe gemachten Angaben für Programm 11 vollständig in den Nebenbedingungen ausgewiesen, müßte eine Matrix mit 7 Variablen und 16 Restriktionen erstellt werden. Der Vorteil des Taschenrechners erweist sich in der Überschaubarkeit der zu lösenden Probleme und in der einfacheren Handhabung. Aus diesem Grunde ist es legitim, erst einmal in einem Probelauf, bei dem nur das Kernproblem dem Rechner eingegeben wird, festzustellen, welche Nebenbedingungen durch die Matrix nicht eingehalten werden. Als Ergebnis wird

```
S7=  160          X4=1.000
S6=   50          S2=   20
S5=   20          X5=1.000
S4=    0
                  Z=   880
```

angezeigt. Wir können feststellen, daß die Variable x_3 (SCHROTT3) die Untergrenze von 400 kp nicht einhält, während x_4 (SCHROTT4) die obere Schranke von 700 kp übertrifft. Die zulässige Bereichsabweichung in Restriktion 7 wird mit 160 kp unterboten. Alle anderen Schranken werden eingehalten.

Wenn wir dieses Ergebnis berücksichtigen, können wir das Prolem in folgendem Modell erfassen:

	x_1	x_2	x_3	x_4	x_5	x_6	x_7		b_i
s_1	1	1	1	1	1	1	1	=	2.000
s_2	,03	,05	,08	,02	,06	,01	0	$\leqq$	100
s_3	,15	,04	,02	,04	,02	,01	,03	$\leqq$	60
s_4	,02	,04	,01	,02	,02	0	0	$\leqq$	40
s_5	,02	,03	0	0	,01	0	0	$\leqq$	30
s_6	,7	,75	,8	,75	,8	,97	0	$\geqq$	1.500
s_7	,02	,06	,08	,12	,02	,01	,97	$\geqq$	250
s_8	0	0	1	0	0	0	0	$\geqq$	400
s_9	0	0	0	1	0	0	0	$\leqq$	700
	,09	,32	,78	,28	,6	,84	1,52	=	Z_{min}.

Nach Eingabe dieses Tableaus ermittelt der Rechner bei 7 Iterationen in ca. 5 Minuten ein Ergebnis, das alle Schranken einhält:

```
SCHROTT1 =   0
SCHROTT2 = 364,9369
SCHROTT3 = 400
SCHROTT4 = 700
SCHROTT5 = 186,676
ALUMINM6 = 239,1304
SILIZM7  = 109,2567

KOSTEN   =1.103,7251.
```

Jeder Anwender muß die Möglichkeiten des Programmeinsatzes, die Konstruktion der Matrix und die Analyse der Ergebnisse für sich erkunden.

9.8 Aufgaben

11.

x_1	x_2	x_3	x_4	x_5		b_i
3	1	0	2	0	=	3
6	4	0	1	3	$\leqq$	9
1	2	3	-1	0	=	6
1	2	1	0	2	$\leqq$	4
2	1	0	0	0	$\leqq$	2
1	3	0	0	4	=	4
1	2	3	2	1	=	Z_{min}

12.

x_1	x_2	x_3	x_4	x_5		b_i
3	5	2	4	1	=	15
1	-3	6	1	-2	=	3
-2	1	0	-3	4	$\leqq$	2
0	2	-1	-1	3	$\leqq$	5
3	-1	2	3	-1	$\geqq$	6
2	-1	3	5	-1	=	Z_{max}

13.

x_1	x_2	x_3		b_i
1	1	0	$\leqq$	8
0	1	1	$\leqq$	6
1	1	1	$\geqq$	15
1	0	1	$\geqq$	10
2	1	5	=	Z_{min}

14.

x_1	x_2	x_3	x_4	x_5		b_i
1	1	0	1	0	$\leqq$	6
1	0	0	1	0	$\geqq$	1
-2	0	1	-1	2	$\geqq$	4
0	1	2	0	2	=	11
1	1	0	1	1	=	6
1	2	1	3	1	=	Z_{max}

Aufgabe 12 wurde Band [2], Aufgabe 14 Band [6] entnommen.

Anhang

LÖSUNGEN

1. x_3= 5 2/3 x_4= 4 Z_{max}= 142 1/3

2. x_2= 0,5385 x_3= 3,4842 x_6= 3,2986 Z_{max}= 57,0226

3. x_2= 16,8571 x_4= 3,7619 x_6= 1,8571 Z_{max}= 213,5714

4. x_1= 1,9091 x_3= 3,4545 x_4= 1,7273 Z_{min}= 56,5455

5. x_2= 0,5833 x_3= 2,2222 x_6= 1,6667 Z_{min}= 8,3611

6. x_3= 3,75 x_6= 8,75 Z_{min}= 86,25

7. Duale Lösungen

   zu 1. x_2= 7,6667 x_3= 0,6 Z_{min}= 142,3333

   zu 2. x_1= 0,1629 x_2= 1,1312 x_5= 2,0588 Z_{min}= 57,0226

   zu 3. x_1= 3,5714 x_3= 3 x_4= 1,4286 Z_{min}= 213,5714

   zu 4. x_1= 0,9091 x_2= 1,7273 x_3= 1,2727 Z_{max}= 56,5455

   zu 5. x_1= 0,6667 x_2= 0,25 x_4= 0,1389 Z_{max}= 8,3611

   zu 6. x_1= 2,625 x_2= 1,125 Z_{max}= 86,25

8. x_3= 2/3 x_5= 1/3 x_7= 1 2/3 Z_{max}= 1

   x_2= 1/3 x_4= 2/3 x_6= 1 2/3 Z_{min}= 1

9. x_2= 1,5625 x_3= 0,375 x_4= 0,1875 x_6= 1,375 Z_{max}= 8,5625

   x_1= 2,5 x_2= 0,25 x_4= 1,25 x_7= 0,5 Z_{min}= 4,75

10. $x_1 = 0{,}7528$ $x_2 = 1{,}6778$ $x_4 = 2{,}9091$ $x_5 = 2{,}2424$

$x_6 = 2{,}4179$ $z_{max} = 13{,}4099$

$x_3 = 2{,}2857$ $x_4 = 1{,}5510$ $x_5 = 1{,}1020$ $x_7 = 0{,}5714$

$x_8 = 4{,}4898$ $z_{min} = 0{,}4898$

11. $x_1 = 0{,}5$ $x_2 = 1$ $x_3 = 1{,}25$ $x_4 = 0{,}25$ $x_5 = 0{,}125$ $z_{min} = 6{,}875$

12. $x_4 = 3{,}6667$ $x_5 = 0{,}3333$ $z_{max} = 18$

13. unlösbar

14. $x_3 = 3{,}25$ $x_4 = 3{,}75$ $x_5 = 2{,}25$ $z_{max} = 16{,}75$

BIBLIOGRAFISCHE HINWEISE

Das Literaturverzeichnis beschränkt sich auf wenige Titel, die relativ weit verbreitet oder noch zu kaufen sind. Sie vermitteln ergänzende und vertiefende Kenntnisse zu den hier dargestellten Verfahren.

Für die Einführung in die lineare Optimierung eignet sich besonders [7]. Die Verbindung zur Matrizenrechnung wird in [3] hergestellt.

Eine ausführliche Darstellung der primalen und der dualen Simplexmethode findet sich in [2].

Das Lösungsverfahren für die Simplexmethode ohne Einheitsmatrix wird in [4] und [6] ausführlich dargestellt.

Eine detaillierte Beschreibung von Verfahren zur Lösung des Transportproblems findet sich in [8].

Unterschiedliche Methoden zur Lösung von Gleichungssystemen werden in [4], [5], [2] und [6] vorgestellt.

Darstellungen der Dreiphasenmethode finden sich in [6] und [5].

Eine Reihe von Anwendungsbeispielen für den Einsatz des Simplexverfahrens werden in [5] und [4] vorgestellt. Einfachere Beispiele finden sich in [7]. Die Anwendung von Verfahren der linearen Optimierung in EDV-Anlagen beschreibt [1]. Programmähnliche Beschreibungen von Lösungsverfahren finden sich in [6].

In [5] befindet sich ein sehr umfangreiches Literaturverzeichnis.

LITERATURVERZEICHNIS

[1] D ü r r, Walter, Klaus K l e i b o h m: Operations Research. Lineare Modelle und ihre Anwendungen. C. Hanser Verlag, München, Wien 1983.

[2] J u d i n, D.B., E.G. G o l s t e i n: Lineare Optimierung I. Akademie-Verlag, Berlin 1968.

[3] K ö h l e r, Harald: Lineare Algebra. C. Hanser Verlag, München, Wien 1980.

[4] K r e k ó, Béla: Lehrbuch der linearen Optimierung. 6. ber. Auflage, VEB Deutscher Verlag der Wissenschaften, Berlin 1973.

[5] M ü l l e r - M e r b a c h, Heiner: Operations-Research. Methoden und Modelle der Optimalplanung. 3. Auflage, Vahlen, München 1973.

[6] N e u m a n n, Klaus: Operations Research Verfahren I. C. Hanser Verlag, München, Wien 1975.

[7] S c h i c k, Karl: Lineares Optimieren. Einführung in die mathematische Behandlung moderner Probleme in den Wirtschaftswissenschaften. Diesterweg-Salle, Frankfurt a.M., Berlin, München 1972.

[8] S c h i c k, Karl, Georg S c h m i t z: Wirtschaftsmathematik I. Optimierungsprobleme. Pädagogischer Verlag Schwann, Düsseldorf 1974.

TABELLENVERZEICHNIS

BILDERVERZEICHNIS